ARTHUR MANGIN

NOS ENNEMIS

ILLUSTRATION

PAR BAYARD, W. FREEMAN, GERLIER
ET YAN'DARGENT

TOURS

ALFRED MAME ET FILS

ÉDITEURS

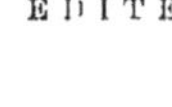

BIBLIOTHÈQUE ILLUSTRÉE

FORMAT IN-8°

BORDS DU RHIN (LES), par Hippolyte Durand.

CHANSON DE ROLAND (LA), par Léon Gautier; illustration par Olivier Merson, Ferat et Zier.

CHIMIE (LA), premiers enseignements, par Ad. Focillon, directeur de l'École supérieure municipale Colbert, à Paris.

CINQ ÉPÉES, par le général Ambert.

DÉSERTS TORRIDES (LES), par Arthur Mangin; illustration par Yan'Dargent, Foulquier et W. Freeman.

DEUX ANS DANS L'AFRIQUE ORIENTALE, par Émile Jonveaux; illustration par Émile Bayard.

EXPÉRIENCES ET INSTRUMENTS DE PHYSIQUE, par Ad. Focillon, directeur de l'École supérieure municipale Colbert, à Paris.

HERCULANUM ET POMPÉI, scènes de la civilisation romaine, par Mgr C. Chevalier, clerc national du sacré Collège pour la France.

HOLLANDE A VOL D'OISEAU (LA), par P. Depelchin.

MÉMOIRES D'UN MANDARIN, par Eugène Muller.

MONDE DE L'AIR (LE), par Arthur Mangin.

MONDE MARIN (LE), par Arthur Mangin; illustration par W. Freeman.

NOS ENNEMIS, par Arthur Mangin.

OCÉAN (L'), par Arthur Mangin.

PHÉNOMÈNES DE L'AIR (LES), par Arthur Mangin.

PROMENADES HISTORIQUES CHEZ LES ANGLAIS, par P. Depelchin.

RÉCITS DE L'HISTOIRE DE FRANCE (moyen âge), par MM. Beleze et Lesieur; illustration par Philippoteaux et Karl Girardet.

RÉCITS DE L'HISTOIRE DE FRANCE (ère moderne), par les mêmes.

SCIENCE A TRAVERS CHAMPS (LA), par Mlle Marie Maugeret.

SOLDATS FRANÇAIS (LES), par le général Ambert; illustration par Gosselin, Meyer et Semechini.

SOUVENIRS D'ESPAGNE, par M. Eugène Poitou; illustration par V. Foulquier.

SUISSE PITTORESQUE (LA), croquis de voyage, par Paul Fribourg; illustration par Karl Girardet.

UNE FERME-MODÈLE, ou l'Agriculture mise à la portée de tout le monde, par H. de Chavannes de la Giraudière.

VENISE (HISTOIRE DE), par F. Valentin.

VIEILLE FRANCE (LA), promenades historiques, par Jules Levallois.

Tours, impr. Mame.

NOS ENNEMIS

Brésiliennes jouant avec des élaps.

ARTHUR MANGIN

NOS ENNEMIS

ILLUSTRATION

PAR BAYARD, W. FREEMAN, GERLIER
ET YAN'DARGENT

TOURS

ALFRED MAME ET FILS, ÉDITEURS

M DCCC LXXXII

INTRODUCTION

Je ne sais si jamais le rêve de l'abbé de Saint-Pierre et des modernes amis de la paix se réalisera, si un jour viendra où les hommes renonceront définitivement à s'entr'égorger par principes ; ou si, au contraire, comme le prétendent plusieurs publicistes, la guerre est un mal nécessaire. Ce qui est certain, c'est que la guerre est la loi suprême et la condition de l'ordre dans la nature. Tous les êtres vivants sont occupés à s'entre-détruire, à s'entre-dévorer, à se faire réciproquement tout le mal qu'ils peuvent : non pas, d'ordinaire, pour le plaisir de se faire du mal, mais simplement parce qu'ils y sont forcés, la destruction des uns étant la condition indispensable de la vie des autres. Les animaux carnassiers sont les ennemis des animaux herbivores, et se repaissent de leur chair et de leur sang. Les herbivores, très inoffensifs pour les autres animaux et voués au rôle de victimes, détruisent cependant, pour s'en nourrir, les plantes, qui sont aussi des êtres vivants, sinon des êtres sensibles. Les oiseaux, les poissons, les reptiles, les crustacés, les insectes, les mollusques, tous les animaux,

> qui s'élèvent dans l'air,
> Qui marchent sur la terre ou nagent dans la mer,

sont soumis à la même loi implacable : manger les autres ou bien être mangés par eux, — et souvent l'un et l'autre. Les plantes elles-mêmes ne laissent pas de se faire aussi la guerre et de s'entre-détruire. Partout c'est la lutte pour la vie, le *struggle for life*.

On dit communément que les êtres les plus grands et les plus forts mangent les plus petits et les plus faibles. C'est souvent aussi le contraire qui arrive : et des êtres minuscules, des infiniment petits dévorent des colosses, ou du moins vivent à leurs dépens, se nourrissent de leur substance.

L'homme, qui de tous les animaux est le plus vorace et le plus destructeur, car il tue les animaux inférieurs non seulement pour les manger ou pour s'emparer de leurs dépouilles, mais par distraction et à seule fin d'exercer et de montrer son adresse, — lorsque même il ne le fait pas par pure cruauté, — l'homme n'échappe pas, malgré sa toute-puissance, aux représailles. Outre que les grands carnassiers, lorsqu'ils le rencontrent au coin d'un bois, ne se font faute de le croquer s'ils le peuvent, sauf respect pour sa majesté, la nature prend sur lui sa revanche en lui suscitant des ennemis, des persécuteurs, des assassins choisis, comme pour l'humilier, dans les rangs les plus infimes du règne animal : ce sont des vers, des insectes, des reptiles, des bêtes immondes, des animalcules microscopiques, que leur petitesse et leur abjection même rendent d'autant plus redoutables. Les uns pénètrent dans ses viscères, dans ses tissus les plus profonds, pour les ravager ; d'autres l'attaquent plus ouvertement, perçant, incisant, déchirant sa peau pour sucer son sang ou ses humeurs ; d'autres le harcèlent, l'obsèdent, le piquant de leurs dards ou de leurs tarières, l'importunant de leur contact et s'invitant sans façon à partager ses aliments presque jusque dans sa bouche ; d'autres enfin, munis à cet effet d'armes perfides et terribles, lui inoculent par leurs morsures un venin mortel. Et depuis que le monde est monde, le roi de la création est aux prises avec ces ennemis sans avoir pu réussir à s'en débarrasser, sans même être parvenu à les bien connaître, car beaucoup échappent à ses recherches, le persécutent, quelquefois le tuent en détail, sans qu'il sache d'où lui vient le mal dont il souffre et dont il meurt.

Le présent opuscule a pour but de mettre le lecteur au fait de ce que la science, après bien des erreurs et des tâtonnements, et au prix de longues et laborieuses investigations, nous a appris sur l'organisation et les mœurs de ces ennemis, en quelque sorte personnels, de l'homme. La plupart appartiennent, nous le répétons, aux classes inférieures du règne animal, et se partagent surtout entre les trois groupes des vers ou helminthes, des acarides, des insectes, enfin des reptiles, où nous allons les étudier successivement.

LIVRE I

LES HELMINTHES

I

Les infusoires. — Les helminthes ou entozoaires.

Il existe dans la nature des êtres tellement petits que
l'œil le plus clairvoyant et le plus exercé ne peut les
apercevoir, et qu'ainsi pendant bien des siècles ils ont
échappé aux observations des naturalistes. Il a fallu que
la science physique mît à la disposition de ces derniers
le merveilleux instrument bien connu maintenant sous
le nom de *microscope* (des deux mots grecs *micron*, petit,
et *scopein*, regarder), pour qu'on pût enfin les découvrir,
d'abord dans des liquides tenant en dissolution ou en
suspension des matières organiques (d'où le nom d'infusoires qu'on a donné à la plupart d'entre eux), puis dans
toutes sortes de matières organiques plus ou moins al-
térées.

Ces invisibles rachètent largement l'infinité de leur
petitesse par l'infinité de leur nombre, par leur prodi-

gieuse fécondité, qui leur donne en quelque sorte le privilège de l'ubiquité; enfin par leur résistance vitale, qui leur permet de braver les plus dures intempéries et les plus terribles cataclysmes. Si bien qu'ils jouent dans l'économie générale de la nature un rôle considérable. Ils sont partout : dans les eaux de la mer et dans celles des fleuves et des lacs, dans les liquides et dans les tissus des animaux et des plantes, dans nos aliments et dans nos boissons; ils y vivent, ils y meurent, ils s'y reproduisent et y multiplient par millions de myriades.

On sait aujourd'hui que de leurs débris accumulés d'âge en âge certains d'entre eux ont formé des îles, des chaînes de montagnes, des assises géologiques d'une étendue et d'une épaisseur prodigieuses. On sait qu'ils concourent pour une large part à la destruction et à la transformation rapide de tout ce qui a vécu; qu'aussitôt que les forces vitales ont cessé de soustraire à l'action des forces chimiques les principes constituants des êtres animés, des légions d'ouvriers invisibles s'emparent de la substance inerte, hâtent sa décomposition et travaillent à faire rentrer ses éléments dans le grand *circulus,* dans l'éternel tourbillon des atomes.

Assurément, si là se bornait le rôle des infusoires, nous n'aurions à en concevoir aucune alarme. Mais en est-il ainsi? Sommes-nous certains que ces infatigables agents de destruction et de transmutation ne cherchent pas ailleurs que dans les matières d'où la vie s'est retirée des aliments à leur dévorante activité; qu'ils attendent toujours, pour faire irruption sur les corps organisés, que la mort les ait marqués de sa funèbre estampille; qu'ils ne deviennent pas, en maintes circonstances, les coadjuteurs de l'implacable déesse, en déterminant chez l'homme, les animaux et les plantes, des affections morbides dont la cause nous a longtemps échappé?

L'idée de l'intervention d'organismes parasites invisibles dans le développement des maladies est cependant de date assez récente, et ne s'est produite d'abord que sous forme d'hypothèse. Cette hypothèse a été érigée en système, il y a vingt-cinq à trente ans, par un chimiste et physiologiste célèbre, François-Vincent Raspail. Attribuant la plupart, sinon la totalité de nos maladies au parasitisme d'animalcules de toutes sortes, Raspail fit de cette théorie, alors arbitraire, la base d'une médication essentiellement vermifuge, dans laquelle le camphre figurait au premier rang comme une sorte de panacée, avec quelques accessoires tels que l'aloès, le goudron, l'ail, la bourrache, etc. Grâce à son extrême simplicité, grâce à son application facile et, au demeurant, inoffensive, grâce aussi à la réputation que son auteur s'était acquise moins par ses travaux scientifiques que par l'énergie de ses opinions démocratiques, la « médecine Raspail » a joui d'une immense popularité, en dépit de la guerre vigoureuse que lui faisaient les représentants de la médecine rationnelle. Ceux-ci ne manquaient pas, certes, d'arguments à opposer à Raspail; mais le plus embarrassant pour lui consistait à le mettre en demeure de montrer ces animalcules qu'il dénonçait avec tant d'assurance comme les auteurs de nos maux, ou du moins de prouver leur existence. « Quoi! lui disait-on, vous affirmez que telle maladie est causée par un helminthe, telle autre par un acare fouisseur, telle autre par une mouche. Pour assigner si nettement à chacune de ces espèces sa place dans la série zoologique et sa spécialité pathologique, les avez-vous jamais vues? Si oui, montrez-les-nous; si non, comment pouvez-vous savoir ce qu'elles sont et si même elles existent? » A cela, Raspail ne trouvait que répondre; il n'avait jamais vu ni les mouches, ni les vers, ni les acares dont il gratifiait si largement les malades, et ne pouvait s'appuyer, pour en soutenir la présence dans les organes affectés, que sur des analogies et des probabilités très contestables. Or une théorie qui ne repose pas sur l'expérience et l'observation est par cela seul condamnée et mise hors la loi scientifique. Toutefois, si victorieux qu'ils fussent, les arguments des docteurs n'ébranlèrent point la croyance d'une partie fort nombreuse du public au rôle pathologique des animalcules et à l'efficacité du camphre pour combattre leurs ravages; car il suffit que les savants se prononcent contre une doctrine, pour que les ignorants s'attachent aussitôt avec passion à cette doctrine et à son auteur. Raspail et son système continuèrent donc de jouir d'une vogue qui atteignit son apogée vers 1849, pour décliner ensuite peu à peu, selon la loi commune aux gloires de ce monde. Mais voici qu'au moment où sans doute Raspail lui-même y songeait le moins, des médecins, des physiologistes d'une orthodoxie parfaite, fort bien vus de l'Académie et de la Faculté, reprirent sous une autre forme non pas précisément la thèse de Raspail, mais une thèse analogue.

Ces savants, en examinant, à l'aide du microscope, le sang ou les humeurs d'animaux atteints de certaines maladies infectieuses ou virulentes (notamment du *sang-de-rate* des moutons), y constatèrent la présence d'innombrables infusoires qu'on n'observe point dans les mêmes liquides à l'état normal. L'attention du monde savant était alors fortement attirée sur les microzoaires (petits animaux) et les microphytes (petites plantes), par la querelle fameuse des *hétérogénistes* ou partisans de la génération spontanée, et des *panspermistes*, qui prétendent que l'air, la terre et l'eau fourmillent de germes et d'œufs tout prêts à éclore dès que le hasard leur offre des conditions favorables. La nouvelle théorie nosologique, attribuant l'apparition ou la transmission des maladies dont nous venons de parler au parasitisme d'animalcules microscopiques, s'accommodait également de l'une et de l'autre hypothèse. En effet, on pouvait admettre à volonté, ou que des germes d'infusoires pénétraient dans l'organisme, soit par les voies digestives, soit par les voies respiratoires, soit par absorption cutanée, soit enfin par inoculation, ou que ces mêmes infusoires se développaient spontanément dans les liquides et dans les tissus de l'économie animale, sous l'influence de causes prédisposantes encore inconnues. Dans les deux cas il n'était nullement invraisemblable que les infusoires, engendrés par spontéparité, ou sortis de germes préexistants, devinssent la cause déterminante de désordres d'autant plus graves que ces êtres ont la propriété de se reproduire et de se multiplier avec une effroyable rapidité.

Cette théorie, il est vrai, s'éloignait de celle de Raspail sur deux points importants. D'abord, elle ne s'appliquait, provisoirement du moins, qu'à quelques affections déterminées ; en second lieu, elle ne faisait intervenir dans les phénomènes morbides que les animalcules infusoires, c'est-à-dire ceux-là précisément que Raspail avait le plus négligés. Néanmoins le célèbre chimiste put y trouver jusqu'à un certain point la confirmation de ses idées.

Mais en définitive, après des observations et des expériences répétées, après de longues et savantes controverses, ce que l'on sait aujourd'hui des mœurs, faits et gestes des infusoires ne nous autorise point à ranger au nombre de nos ennemis intimes ces êtres singuliers et mystérieux. Il y a donc lieu de réserver à leur égard notre jugement. Les présomptions même leur sont, à tout prendre, plutôt favorables que défavorables, et l'on peut admettre comme une hypothèse très plausible, jusqu'à preuve du contraire, qu'ils ne se comportent pas, dans les matières organiques appartenant à des êtres vivants, d'autre façon que dans les substances analogues qui en ont été séparées. De même, en effet, qu'on les voit naître et multiplier dans ces dernières lorsqu'elles commencent à fermenter, à se putréfier sous l'influence de l'air, de la cha-

leur, de l'humidité, et ne point vivre dans celles qui n'ont
subi aucune altération; de même ils ne peuvent ni se développer ni subsister dans le sang et dans les humeurs à
l'état normal, tandis qu'ils trouvent dans ces mêmes
liquides, altérés par la maladie, un milieu éminemment
propre à leur conservation et à leur développement. Mais
il y aurait au moins témérité à soutenir qu'ils engendrent
soit la fermentation putride dans le premier cas, soit la
corruption morbide dans le second.

En tout cas, les « œufs aquatiques », les larves de mouches et de coléoptères, accusés de tant de méfaits par
Raspail, n'ont rien de commun avec la pathologie interne, et leur introduction dans les chairs ou dans les
cavités naturelles du corps ne constitue pas une maladie.
Les acares, qui reviennent souvent aussi dans les disser-
tations du paradoxal écrivain, ne s'observent que dans
certaines affections cutanées, sur le caractère desquelles
les médecins ne se méprennent point.

Nous venons de voir que les infusoires n'ont pas justifié
les espérances que les partisans de la pathogénie animale
avaient fondées sur leur intervention, et il ne semble pas
que la médication phénique soit destinée à un succès plus
durable ni plus sérieux que celui de la médication cam-
phrée. Restaient donc, comme dernière ressource et ar-
gument suprême de Raspail, les helminthes. — Niez si
vous le voulez, pouvait-il dire, les insectes et leurs larves,
les acares rongeurs et fouisseurs, les infusoires et les
miasmes vivants; mais vous ne nierez pas les helminthes,
les vers intestinaux ! — Non, certes, nous ne les nierons
pas ! Les helminthes sont une réalité; personne ne songe
à contester ni leur existence, ni les lésions organiques, ni
les désordres fonctionnels qu'ils occasionnent chez l'homme
et chez les animaux. Cela, toutefois, ne signifie point qu'il
y ait lieu de leur attribuer toutes les maladies auxquelles
on ne connaît pas d'autre cause, et qu'à l'imitation de ce

magistrat qui, au début de toute information criminelle, demandait d'abord : « Où est la femme ? » le médecin, en présence d'un malade dont le cas lui paraît douteux, doive se poser cette question préalable : « Où est l'helminthe ? »

Au contraire, les accidents imputables à ces vers sont beaucoup plus restreints qu'on n'est tenté de le supposer en songeant au grand nombre d'espèces qui composent cette classe, à leur résistance vitale et à leur fécondité, qui ne sont guère moins énergiques que la résistance vitale et la fécondité des infusoires. Les accidents dont il s'agit ne se présentent pas d'ailleurs, pour l'ordinaire, sous une forme qui permette de les confondre avec les symptômes d'une maladie spontanée. Enfin il arrive fréquemment que des animaux ou des hommes logent dans leur corps des helminthes sans en être notablement incommodés, sans s'en apercevoir..., et qui sait même s'ils ne se porteraient pas plus mal ne les ayant pas ? Car, si redoutable qu'il nous semble, le parasitisme de ces êtres pourrait fort bien n'être qu'une condition parfaitement normale de la vie, et, pour tout dire, un bienfait relatif. En effet, tous les êtres vivent aux dépens les uns des autres, soit qu'ils s'entre-détruisent bel et bien, soit qu'ils profitent de la destruction naturelle de ceux qui doivent leur servir de pâture.

Les helminthes, les parasites de toutes sortes font preuve, pour leur part, d'une grande modération. Ils se contentent de prélever sur les animaux qu'ils exploitent un tribut qui cesse le jour où cet animal vient à mourir; ils sont, de la sorte, tout aussi intéressés que lui à sa conservation. « Et l'on peut ajouter, disent Paul Gervais et Van Beneden, que, dans beaucoup de cas, les parasites s'attaquent moins à l'organisme des individus qu'ils infestent qu'aux produits surabondants de cet organisme. D'ailleurs le nombre des espèces parasites est si grand, celui des individus qu'elles produisent est souvent si extraordinaire, et celui des animaux qui en sont attaqués si considérable, que l'on doit regarder le parasitisme plutôt comme la condition normale de beaucoup d'espèces, soit animales, soit végétales, que comme un état accidentel qui soit particulier aux individus qui en souffrent. » Et plus loin : « La question en est arrivée à ce point, qu'il est même difficile, en ce qui concerne les entozoaires, de démontrer que l'état morbide des sujets affectés de ces parasites soit pour quelque chose dans l'infection elle-même, lorsqu'elle vient à se déclarer, ou plutôt à être constatée. Car tant de sujets ont des entozoaires sans qu'on s'en aperçoive, qu'il faut se demander si la présence de vers en petite quantité dans l'économie n'est pas plutôt un fait normal qu'une condition pathologique. Il en est des entozoaires comme des épizoaires. Leur invasion a lieu lorsqu'on se place dans des conditions qui la rendent facile... On a des entozoaires comme on a des poux, des puces, des tiques, des sarcoptes, parce qu'on s'est mis dans le cas d'être envahi par eux, par leurs embryons ou par leurs œufs. »

Quoi qu'il en soit, certains entozoaires, aussi bien que les épizoaires, dont il sera parlé plus loin, sont évidemment pour nous et pour nos animaux domestiques des hôtes désagréables, malfaisants, parfois dangereux, toujours répugnants, en un mot, des ennemis. C'est de ceux-là que nous allons nous occuper, et le nombre en est encore assez grand.

Ce nom d'*entozoaires*, plus usité aujourd'hui que celui d'*helminthes*, signifie « animaux du dedans » (du grec *entos*, au dedans, et *zóon*, animal), comme *épizoaires* signifie « animaux du dessus ». On appelle aussi les premiers *vers intestinaux*, bien que plusieurs ne soient pas des vers, et que plusieurs aussi ne vivent pas dans les intestins, mais dans d'autres cavités du corps ou dans la

substance même des organes : dans le sang, dans les
muscles, dans le foie, dans la rate, le cœur, le cerveau.
Leur histoire est encore imparfaitement connue, et d'une
étude difficile. Ils sont fort nombreux en espèces, mais
moins peut-être qu'on ne l'a cru d'abord, parce qu'une
même espèce peut se présenter sous des formes et dans
des conditions d'existence différentes; qu'en d'autres termes, plusieurs helminthes sont à la fois des animaux à
métamorphoses et des animaux migrateurs. Plusieurs, en
outre, offrent des exemples de générations alternantes.

Ces circonstances, on le comprend, sont pour les zoologistes une source de grand embarras, surtout lorsqu'il
s'agit de la classification des entozoaires; elles les ont
contraints à abandonner les classifications primitives, à
en essayer de nouvelles qui ont été bientôt à leur tour re-
connues défectueuses; si bien qu'à l'heure présente il n'en
est aucune qui puisse être adoptée autrement qu'à titre
provisoire.

Cuvier avait fait des vers intestinaux une division de
l'embranchement des zoophytes, et il les partageait, d'a-
près leur habitat, en cavitaires et en parenchymateux. Mais
cette classification n'a pu tenir longtemps devant les progrès de la science. On n'a pas tardé à reconnaître d'abord
que la plupart des entozoaires, par leur organisation générale et surtout par leur système nerveux, appartiennent
à l'embranchement des annelés, mais que leur qualité
d'entozoaires ne constitue pas un caractère zoologique qui
permette de les réunir en un seul groupe, puisqu'il en est
qui doivent être reportés jusque dans la classe des crustacés, et que d'ailleurs les dénominations tirées uniquement du séjour habituel présumé de ces animaux ne peut
donner aucune idée de leur organisation.

Avant Cuvier, Rudolphi, qui consacra presque toute sa
vie à l'étude des entozoaires, et qui mit, en outre, à
profit les travaux de Zeder et de Gœze, avait établi les

cinq ordres des *nématoïdes* (du grec *néma,* gén. *nématos,* fil, et *eidos,* forme), — des *acanthocéphales* (de *acantha,* épine, et *képhalé,* tête), — des *trématodes* (pleins de trous), — des *cestoïdes* (de *cestos,* ceinture de Vénus, et *eidos*),— et des *cystiques* (de *kystos,* vessie). La plupart des helmin-thologistes modernes ont conservé le premier, le troisième et le quatrième ordre de Rudolphi; plusieurs ont réuni les acanthocéphales aux nématoïdes. Quant aux cystiques, on sait aujourd'hui qu'ils n'ont pas d'existence propre et ne sont que des larves de cestoïdes. Enfin, Van Beneden et P. Gervais ne considèrent pas les helminthes ou ento-zoaires comme pouvant former une classe déterminée, et ils ont réparti les divers ordres dont leurs devanciers avaient composé cette classe dans les divers groupes de leur *type* des vers, le second de l'embranchement des ani-maux mollusco-radiaires, ou allocotylés.

Il résulte de ce qui précède que le mot entozoaires n'a pas, à proprement parler, de signification zoologique. Il désigne, en effet, non pas un groupe naturel, fondé sur une conformité générale d'organisation entre les êtres qui le composent, mais un certain nombre de familles, de genres, d'espèces même, disséminés dans plusieurs divi-sions du règne animal, et n'ayant en commun d'autre caractère essentiel que leur genre de vie. En d'autres termes, il n'y a pas plus un embranchement ou une classe des entozoaires qu'il n'y a un embranchement ou une classe des épizoaires ou des parasites. Il y a, parmi les animaux inférieurs, notamment parmi les articulés et les annelés, peut-être aussi parmi les rayonnés, des espèces qui ont la spécialité de vivre aux dépens d'autres espèces, d'ordre supérieur le plus souvent, soit en absorbant une partie de leur substance, soit en s'invitant, de leur propre autorité, à partager leurs aliments en cours de digestion. On a désigné cette manière de vivre peu discrète sous le nom de parasitisme; mais le parasitisme peut, comme on

le voit, se pratiquer de différentes façons, et j'oserai dire
même que l'expression me paraît, dans tous les cas,
impropre, soit qu'on l'applique aux entozoaires ou aux
épizoaires. Les vrais parasites sont ceux qui vivent à côté
de nous (*para*, auprès, et *sitos*, nourriture), qui s'ins-
tallent sans permission dans nos logis, usant et abusant
de ce qui nous appartient, comme de leur bien propre.
Ainsi je qualifierais *parasites* le rat, la souris, la mouche
commune, tous ces hôtes incommodes et voraces qui s'attachent obstinément à l'homme, disposent sans façon de
ses provisions, et souvent sont plus maîtres de son
domicile que lui-même. Le nom d'*épisites* (*épi*, sur, et
sitos) conviendrait aux insectes, aux acares, qui cherchent leur vie sur le corps des gens et des bêtes, et celui
d'*endosites* (*endon*, en dedans, et *sitos*) aux helminthes et
aux pseudhelminthes, qui ont besoin de pénétrer jusque
dans les profondeurs des organes pour trouver réunies
toutes les conditions de température, d'humidité, d'alimentation nécessaires à leur développement, à leurs
métamorphoses et à leur reproduction.

II

Les helminthes vrais. — Les vers. — Organisation des helminthes.
— Métamorphoses et migrations.

Nous n'étudierons pour le moment que les helminthes
vrais, réservant pour un chapitre ultérieur certains insectes dont les larves seules sont endosites et se comportent à la façon des entozoaires, et nous nous arrêterons
spécialement aux helminthes qui paraissent affectionner
le corps humain : soit qu'ils en fassent leur séjour ex-

clusif ou du moins préféré; soit qu'ils aient coutume d'y élire domicile pendant une partie de leur vie; soit enfin qu'ils ne s'y établissent que de temps à autre, par fantaisie ou faute d'un meilleur gîte. La grande majorité de ces helminthes sont des vers proprement dits, et appartiennent aux groupes des nématoïdes, des trématodes et des cestoïdes.

Mais d'abord, qu'est-ce qu'un ver? Pour « tout le monde » c'est une petite bête peu ragoûtante, molle, de forme allongée, ayant peu ou point de pattes, réduite, par conséquent, à ramper, mais s'acquittant de cet exercice avec une vivacité proverbiale; la nudité des vers est également passée en proverbe. Or tous ces attributs, vulgairement réputés caractéristiques, appartiennent à la fois à des créatures dont l'organisation et la destinée sont fort différentes : au ver de terre (lombric terrestre), à la limace, à des larves de hannetons, de mouches et autres insectes. Le naturaliste, aux yeux de qui la forme, l'aspect, les allures ne sont que des caractères secondaires, et qui n'attache d'importance réelle qu'à la structure anatomique, à l'organisation intime des êtres vivants, réserve le nom de vers à des animaux qui se placent à l'un des derniers degrés de l'échelle zoologique, bien au-dessous des insectes, au-dessous même des mollusques, n'ayant plus après eux que des polypes, des zoophytes, des hydres, des infusoires.

Les vers proprement dits forment, dans la nouvelle classification, le deuxième *type* de l'embranchement des allocotylés ou mollusco-radiaires. Ce type comprend quatre classes, dont la première est celle des annélides (*chétopodes* de de Blainville).

Le ver de terre est un spécimen bien connu de cette classe, à laquelle appartiennent les vers les mieux doués : ceux qui ont encore, pour s'aider à ramper, non des pattes dignes de ce nom, mais des soies plus ou moins longues;

qui ont un système nerveux en forme de chaîne ganglionnaire, voire quelquefois des branchies pour respirer et des organes digestifs d'une certaine complication. Le corps des annélides est formé, comme leur nom l'indique, d'anneaux distincts, dont chacun équivaut à un animal complet, et que Moquin-Tandon avait, pour cette raison, appelés *zoonites*. Les autres vers ont souvent aussi le corps segmenté ou annelé; mais plusieurs n'offrent aucune trace de division extérieure. La plupart sont dépourvus d'organes spéciaux de respiration, et plusieurs même n'ont pas de canal intestinal. Leur système nerveux n'est représenté que par de petits ganglions placés à la partie antérieure du corps, et desquels partent deux cordons qui se prolongent jusqu'à l'extrémité postérieure. A l'état parfait, ils ont généralement la forme allongée, tantôt cylindrique, tantôt aplatie, qui les caractérise aux yeux du vulgaire; mais dans leurs états transitoires d'embryons ou de larves, ils peuvent revêtir des formes plus ramassées, souvent bizarres et irrégulières. Les sexes, chez eux, ne sont pas nécessairement distincts, et bien qu'ils puissent toujours se reproduire par oviparité, ils ont aussi la faculté de se multiplier d'autre façon, notamment par gemmation et par scissiparité, non pas toutefois par voie de génération spontanée, comme on l'a cru pendant longtemps.

Parmi les helminthes, les uns sont extrèmement petits, même microscopiques, tandis que d'autres atteignent, au moins en longueur, des dimensions considérables. Le sang de ces vers est incolore, et contenu dans les intestins ou lacunes que laissent entre eux les organes contenus dans la cavité générale du corps. La respiration, très peu active, paraît s'opérer uniquement à travers la peau, qui est douée d'un pouvoir absorbant très énergique. Mais les particularités les plus remarquables de l'histoire de ces vers, ce sont : d'abord leur prodigieuse fécondité; puis leur mode de reproduction, leurs migrations et leurs métamorphoses.

On ne se fait pas idée de la quantité d'œufs que produi-

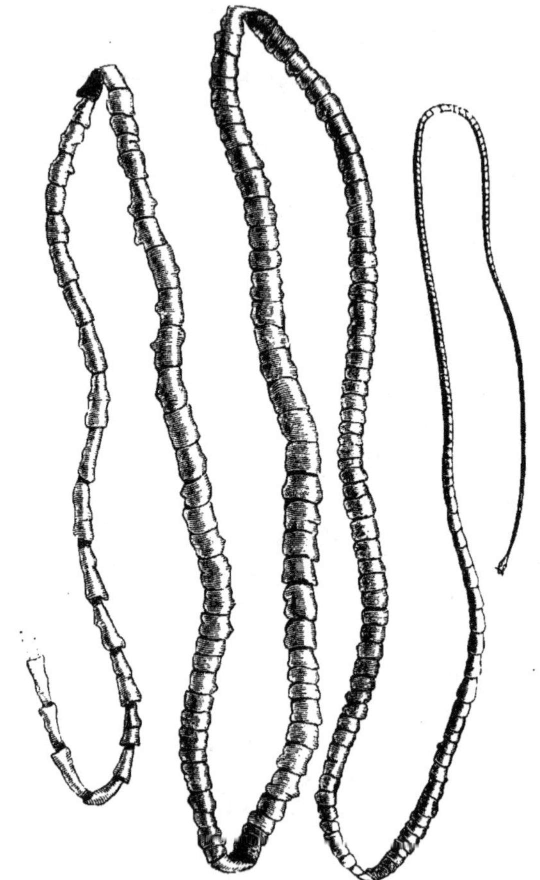

Tænia solium.

sent les helminthes. D'après M. de Siebold, un seul *tænia solium* en donne aisément un million, et l'on peut croire, dit M. C. Baillet, que cette évaluation est au-dessous de la vérité. Dujardin estime que, les deux cents anneaux

environ que peut fournir un *tænia serrata* contenant
chacun 5 millimètres cubes d'œufs, on arrive, pour un
seul individu, à un total de 1,000 millimètres cubes, ou
25 millions d'œufs. Enfin, le professeur Eschricht, de Copenhague, croit pouvoir porter à plusieurs millions le nombre
d'œufs que le microscope lui a fait découvrir dans les
ovaires de l'ascaride de l'homme. Voilà certes des chiffres
effrayants, et si la centième partie seulement de ces œufs
donnait naissance à des helminthes valides et capables de
se multiplier à leur tour dans la même proportion, il ne
faudrait pas longtemps à ces ignobles bêtes pour dé-
vorer et anéantir toutes les créatures qui sont condam-
nées à les héberger. On est plus épouvanté encore lorsqu'on songe que, non contents de se multiplier par ces
millions d'œufs, les entozoaires ont encore, ainsi qu'il a
été dit, d'autres moyens accessoires de reproduction, et
que leurs embryons sont doués, en outre, d'une résistance vitale comparable à celle des infusoires. Heureusement ces facultés merveilleuses, et qui sembleraient devoir
assurer aux helminthes l'empire du monde, les laissent,
en somme, réduits à une condition assez précaire; elles
ne sont que le correctif à peine suffisant des mille causes
de destruction qui les assiègent, et auxquelles ils donnent
plus de prise qu'aucune autre classe d'animaux, par les
migrations qui accompagnent leurs métamorphoses, et
dont ceux-là mêmes qui accomplissent leurs métamorphoses dans l'œuf ne paraissent pas être dispensés.

Pour les cestoïdes et les trématodes, les migrations sont
une condition indispensable de développement : autant
l'animal subit de transformations, autant de fois il lui
faut changer de domicile, et passer, non pas d'un animal
à un autre quelconque, mais d'un animal d'une certaine
espèce à un animal d'une autre espèce, toujours très différente, et, qui plus est, habiter dans chacun d'eux tel
organe déterminé, à l'exclusion de tout autre. Par exem-

ple, le cysticerque pisiforme (en forme de pois) et le *tænia serrata* sont deux états différents d'un même cestoïde, et cependant le premier vit dans le péritoine du lapin, et le second ne se trouve jamais que dans l'intestin du chien. De même, le *cénure* cérébral des ruminants se transforme en *tænia cænurus,* qui habite exclusivement le tube digestif du chien et du loup.

La nécessité des migrations a été mise en doute relativement aux nématoïdes, dont l'évolution embryonnaire s'accomplit intégralement dans l'œuf, de telle sorte que le jeune embryon présente déjà, au moment de sa naissance, la forme caractéristique des vers de son ordre et, même lorsqu'il doit éprouver encore des changements dans son organisation, n'en est pas moins destiné à devenir le type sexué de son espèce, sans qu'aucune génération s'interpose entre lui et ses ascendants directs (Baillet). Eh bien, les recherches les plus récentes et les plus attentives des helminthologistes ne permettent plus de douter que les nématoïdes ne soient, comme les autres entozoaires, assujettis à des migrations régulières. M. de Siebold a constaté le fait sur le *mermis insectorum,* et M. Owen sur le *trichina spiralis,* qui a été, dans ces dernières années, l'objet de nouvelles et nombreuses observations, et dont je parlerai tout à l'heure.

III

Nématoïdes. — Les ascarides. — L'ascaride lombricoïde. — L'oxyure
vermiculaire. — Le trichocéphale.

Les *nématoïdes,* ainsi que nous l'avons dit plus haut, ont été ainsi nommés à cause de leur forme cylindrique, mince et allongée, qui les fait ressembler à des bouts de fil plus ou moins gros, plus ou moins longs, et, en général, plus minces aux extrémités qu'au milieu du corps. Ce sont des vers auxquels leur organisation assigne, dans leur tribu, un rang élevé. Ils ont un système nerveux assez développé, un canal intestinal avec bouche et anus, des sexes distincts. Ils ne subissent pas de véritables métamorphoses ; mais il en est qui s'enkystent, c'est-à-dire s'enferment et s'enroulent dans de petites poches où ils demeurent pendant un certain temps agames et inactifs. Ainsi font notamment les trichines. Quelques-uns sont vivipares. La plupart sont menus ; ceux qui acquièrent en longueur un développement considérable sont, en revanche, très grêles, et justifient parfaitement leur nom de nématoïdes : tels sont les filaires. Tous ne sont pas parasites de l'homme ou des animaux. Les anguillules, nématoïdes microscopiques qu'on a longtemps rangés parmi les infusoires, vivent dans les eaux salées ou douces, dans la terre humide, dans le vinaigre ou sur les plantes. Dans ce dernier cas, elles peuvent devenir pour l'agriculture un fléau redoutable. C'est ainsi que l'*anguillulina tritici* détermine la maladie du blé connue des cultivateurs sous les noms de *nielle* ou de *rouille*.

L'ordre des nématoïdes renferme, du reste, les helminthes qui s'observent le plus fréquemment chez l'homme : les ascarides, les oxyures, les strongyles ou strongles, les filaires, les ankylostomes, enfin les trichines.

Les ascarides (de *ascarizein*, sauter, frétiller) sont des vers bien caractérisés, très vifs, très remuants, au corps fusiforme allongé, plus élastique que flexible. Ils ressemblent au ver de terre, et l'espèce la plus commune, celle que l'homme et bien plus la femme et l'enfant nourrissent à leurs dépens et aux dépens de leur santé plus fréquemment qu'aucun autre helminthe, a été prise pendant des siècles pour un véritable lombric. Le vulgaire s'y trompe encore facilement, et les helminthologistes ont donné à cette espèce le nom d'ascaride lombricoïde (*ascaris ιum-bricoïdes*). Cet helminthe est gros à peu près comme un tuyau de plume, et long de 12 à 13 centimètres. Sa couleur est blanche ou jaunâtre. Sa bouche est garnie extérieurement de trois éminences disposées en forme de trèfle. Son

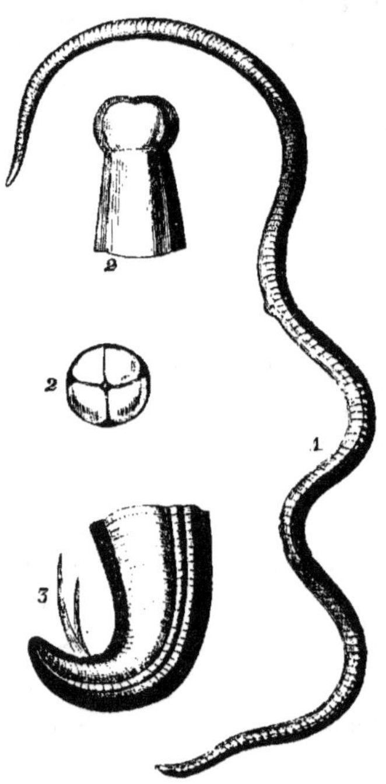

1. Ascaride lombricoïde, gr. nat. — 2. Extrémité antérieure, grossie.
3. Extrémité postérieure, grossie.

séjour habituel est dans l'intestin grêle. Tant qu'il demeure dans cette partie du tube intestinal ou dans les parties inférieures et qu'il ne s'y multiplie pas outre mesure, le sujet habité peut ne pas en souffrir, et Van Beneden et P. Gervais vont jusqu'à dire qu'on doit alors considérer sa présence « comme un état normal », et que les médicaments administrés pour le détruire ou l'expulser font souvent plus de mal que le ver lui-même. Mais il n'est pas rare, d'abord que les ascarides lombricoïdes soient assez nombreux pour engorger, obstruer l'intestin, y former des tumeurs douloureuses et occasionner des accidents très graves : troubles ou arrêts de la digestion, vomissements, colique iliaque (*miserere*), etc. Ou bien ils perforent l'intestin, et vont déterminer à l'aine ou au nombril des abcès du plus mauvais caractère. Ou bien encore ils remontent dans l'estomac et dans l'œsophage, et peuvent de là pénétrer dans les voies respiratoires.

Les effets les plus ordinaires de la présence et des déplacements des ascarides dans le tube digestif sont des malaises indéfinissables, des vomissements, des suffocations, des convulsions épileptiformes.

Malheureusement les médecins, en présence d'un malade en proie aux accidents bizarres que peuvent occasionner les helminthes dont nous parlons, songent rarement à assigner au mal sa véritable cause, et le traitement dirigé contre une affection imaginaire peut avoir les plus déplorables résultats. Réciproquement, il arrive aussi que, des lombrics étant expulsés accidentellement dans le cours d'une maladie où ils ne sont pour rien, l'homme de l'art croit n'avoir plus rien à faire que de soumettre son client à une médication vermifuge; alors encore il quitte la proie pour l'ombre, et administre à contretemps des remèdes qui font plus de mal que de bien.

Un helminthe non moins fréquent chez l'homme que l'ascaride, mais heureusement moins dangereux, c'est l'oxyure vermiculaire, improprement appelé par Raspail ascaride vermiculaire. Je dis « improprement », eu égard à la nouvelle classification, que Raspail ne pouvait ignorer, et qu'il rejetait sans doute à dessein, comme il faisait de beaucoup d'autres choses admises par tous les savants. Mais je dois ajouter qu'Hippocrate, qui connaissait les oxyures vermiculaires, leur avait le premier donné le nom d'ascarides, et que les naturalistes leur ont longtemps conservé cette appellation. Le nom nouveau d'oxyures imposé à ces vers signifie : *à queue aiguë* (ὀξύς, aigu; οὐρά, queue). Ils sont blancs et tout à fait filiformes; le mâle n'a pas plus de 3 millimètres de long, avec la

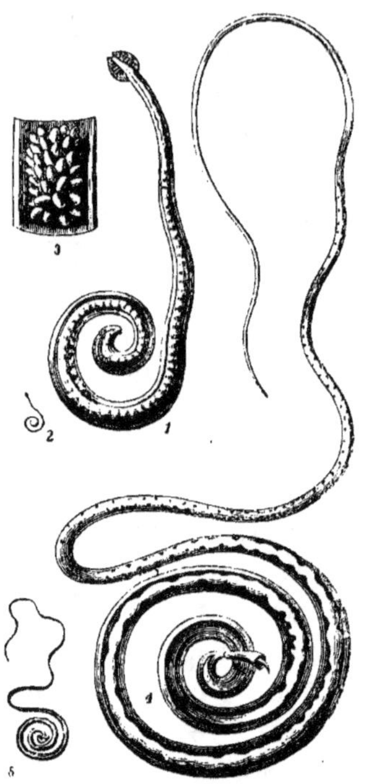

1. Oxyure vermiculaire mâle de l'homme, très grossi. — 2. Le même, gr. nat.
3. Part de la femelle, tronçon pour œufs.
4. Trichocéphale mâle de l'homme, très grossi. — 5. Le même, gr. nat.

queue enroulée en spirale et terminée par une pointe très courte. La femelle est trois fois plus longue que le mâle; sa queue est très effilée. Les oxyures vermiculaires ont été observés dans toute l'Europe et en Afrique. Ils sont très communs chez les enfants, et se tiennent toujours à l'extrémité inférieure du rectum, où ils causent des démangeaisons très incommodes. Heureusement il est d'ordinaire

facile de les expulser ou de les détruire, soit avec des bou-
gies camphrées ; soit avec des lavements vermifuges ou
simplement avec des lavements d'eau froide. Parfois ces
oxyures se reproduisent et reparaissent à plusieurs reprises, en dépit des remèdes. Les docteurs Cruveilhier et
Marchand ont soigné des personnes qui en étaient affectées depuis dix et quinze ans.

Il paraît probable que les oxyures, ainsi que les ascarides, sont introduits dans le canal intestinal à l'état de
germe, soit avec certaines eaux, soit avec certains aliments crus, et, en particulier, avec les fruits ramassés
ou cueillis à terre. Les fraises, dit-on, leur servent fréquemment de véhicule.

Si l'oxyure est surtout l'helmynthe des enfants, le trichocéphale paraît être plutôt celui des vieillards. Trichocéphale signifie *tête en cheveu*, c'est-à-dire fine comme un
cheveu (θρίξ, gén. τριχός, et κεφαλή). Ce ver se distingue, en
effet, par l'extrême ténuité et l'allongement extraordinaire de son cou ; le corps est plus gros et cylindrique ;
la bouche est terminale et très petite. Le mâle peut avoir
une longueur totale de 35 à 38 millimètres ; la femelle en
mesure de 40 à 50. Bien que le trichocéphale soit commun chez les vieillards, on le trouve aussi chez les personnes d'âge moyen et chez les enfants. On l'a observé
chez des singes d'espèces et de genres très divers. En
Égypte, les enfants en sont souvent atteints. Rœderer et
Wagler lui ont attribué une épidémie ayant beaucoup
d'analogie avec la fièvre typhoïde, et qui avait sévi sur
une partie de l'armée française. Delle Chiaje le considé-
rait comme un puissant auxiliaire du choléra asiatique.
Certains auteurs, contrairement à l'opinion de Delle
Chiaje, de Wagler et de Rœderer, le regardent comme
inoffensif, et, selon Paul Gervais et Van Beneden, sa
présence paraît ne produire aucun symptôme propre à le
faire reconnaître.

IV

Nématoïdes (suite). — Les strongles. — Les filaires. — Filaire de Médine,
ou dragonneau. — Observations de Péré et de Jacobson.
— Le filaire de l'œil.

Les STRONGLES sont des vers robustes, dont le corps est
à peu près cylindrique, et qui, par leur forme, par leurs
divisions aussi bien que par leur organisation, se rapprochent plus des ascarides que des autres nématoïdes
endosites. Plusieurs d'entre eux ne se contentent pas d'envahir les cavités naturelles du corps ; ils pénètrent dans
la substance même des organes, qu'ils perforent et détruisent. Ce sont donc des helminthes d'autant plus dangereux que, grâce à leur vigueur et à leur voracité, ils
vont vite en besogne, et que la plupart du temps le médecin et le chirurgien, ne pouvant les atteindre dans leur
retraite, sont contraints d'attendre qu'il leur plaise d'en
sortir. A ce genre essentiellement malfaisant et dévasta-
teur appartient le plus grand de tous les nématoïdes, le
strongle géant (*strongylus gigas*), dont la longueur varie
depuis 40 centimètres jusqu'à 1 mètre, et la grosseur depuis 5 jusqu'à 12 millimètres. Cet helminthe formidable
est rouge sanguin. Sa bouche, entourée de six petites
papilles, est étroite et terminale. Il choisit ordinairement
pour sa demeure les reins (organes sécréteurs de l'urine).
On pense bien que le rein où il s'est logé ne tarde pas à
être dévoré. Des cas de destruction du rein par le strongle
géant ont été observés non seulement sur l'homme, mais
sur des animaux d'espèces très diverses : sur le chien, le

loup, le renard, la martre, le cheval, le bœuf. Enfin on a trouvé le même ver dans le mésentère du glouton, dans l'intestin de la loutre, dans le poumon, le foie et l'intestin du phoque. C'est donc un ver en quelque sorte cosmopolite, qui n'a pas de prédilection pour un animal

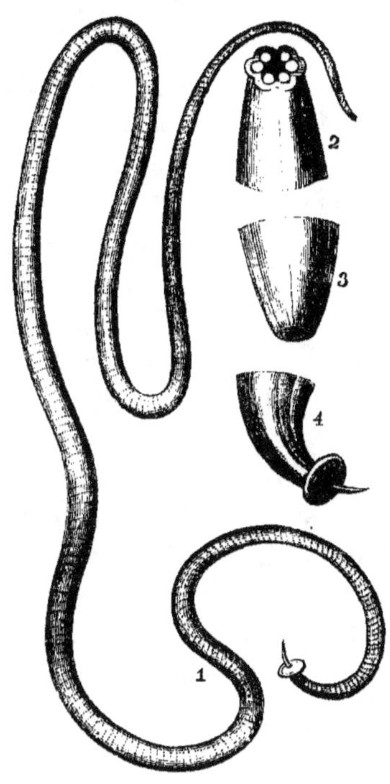

1. Strongle géant mâle, gr. nat. — 2. Extrémité céphalique mâle.
3. Extr. caudale mâle. — 4. Extr. caudale femelle.

plutôt que pour un autre, et qui vit où il peut: *Ubi bene, ibi patria, ibi domus*. Heureusement il est rare.

On connaît un strongle filaire (*strongylus filaria*), qui envahit les voies respiratoires de la chèvre et du mouton, et qu'il ne faut pas confondre avec les filaires proprement dits. Ceux-ci constituent un genre à part, dont quatre ou cinq espèces attaquent l'homme. Il en est une surtout qui jouit d'une certaine célébrité, et qui est très commune dans l'Asie et l'Afrique tropicales, d'où elle s'est répandue en Amérique avec la race nègre. Je veux parler du dragonneau ou filaire de Médine. Ce ver est tout à fait filiforme, et à peu près de même calibre sur toute sa longueur, qui varie de 40 à 75 centimètres, quelquefois plus. Le corps de la femelle se termine en crochet. La bouche est circulaire et armée de quatre pointes disposées en croix. Bien qu'on ait beaucoup parlé et beaucoup écrit sur le filaire de Médine, il est encore mal connu. Ce qu'on sait bien toutefois, c'est qu'il s'introduit dans les chairs de l'homme sur toutes les régions du corps, mais principalement autour de la cheville du pied. Il est probable qu'il se reproduit et peut vivre, au moins pendant la première partie de sa vie, dans la terre humide et dans les marécages, où les nègres sont fréquemment exposés à ses atteintes. Les Européens qui séjournent dans les endroits où le sol est détrempé y sont également sujets. Les médecins de la marine française ont très souvent occasion d'observer, au Sénégal et dans nos colonies de la mer des Indes et des Antilles, les accidents causés par le dragonneau, et qui consistent généralement dans la formation de tumeurs volumineuses. Ces tumeurs grossissent avec lenteur; elles sont très douloureuses, et finissent par des abcès où il faut chercher le ver au milieu de la matière purulente. Quand on est parvenu à saisir l'animal par une extrémité, on l'extrait en l'enroulant autour d'un petit bâton, absolument comme du fil sur une bobine; mais il faut y mettre du temps et de la précaution, afin de ne pas le briser.

Bremser a rapporté, dans son Traité des vers intestinaux de l'homme, le cas suivant, observé à Saint-Domingue par le médecin Péré, qui avait été chargé de vérifier l'état sanitaire d'un navire arrivant de la côte de Guinée. C'était au temps de l'esclavage et de la traite. Péré remarqua, parmi les nègres qui se trouvaient à bord, un pauvre enfant d'une douzaine d'années, tellement maigre et affaibli qu'il ne pouvait se tenir sur ses jambes. Il reconnut bientôt qu'il était incommodé par un dragonneau. Péré acheta ce négrillon, qu'on lui abandonna pour presque rien, comme n'ayant, dans l'état où il se trouvait, aucune valeur. Le fait est qu'il ne paraissait pas avoir longtemps à vivre. Un filaire gigantesque était établi entre cuir et chair sur toute la partie antérieure du corps, depuis le bas-ventre jusqu'à la poitrine, et il y formait des protubérances perceptibles au toucher. Le chirurgien du navire, assurément très ignorant, avait pris ces protubérances pour des tumeurs variqueuses, et ne comprenait rien à la maladie du jeune nègre; il l'avait déclaré phtisique, étique et incurable, bien que l'enfant eût conservé pendant toute la traversée un excellent appétit. Bref, Péré l'emmena et se mit en devoir de le débarrasser de son ver. Sur un point où la peau était soulevée, il pratiqua une incision de 10 à 12 millimètres. « Après avoir, dit Bremser, disséqué et écarté les lèvres de la plaie, il vit un corps blanc de la grosseur d'un *la* de violon, sur lequel, en exerçant une traction lente, il donna lieu à la formation d'une espèce d'anse. Quand le ver ne voulait plus céder à la traction qui était exercée sur lui d'un côté, le médecin le faisait tenir par un aide, et il essayait de tirer sur l'autre bout. Il ordonna en même temps au malade de se tenir dans une position convenable, afin que les parties qui environnaient le ver se trouvassent dans un état complet de flexion ou de relâchement, de manière que la tension des muscles n'empêchât pas les mouvements du ver, et par conséquent sa sortie. En moins de quatre heures, ce médecin fut assez heureux pour l'extraire entièrement. Le malade ne sentit aucune douleur pendant cette opération, et il voyait sortir le ver avec le plus grand sang-froid. Il se rétablit ensuite à vue d'œil, sans prendre de médicaments, — et, ajoute en terminant notre auteur, il devint tellement gras et robuste, que Péré put le vendre douze cents francs trois mois plus tard, époque à laquelle il fut obligé de revenir en France. » Péré avait fait ainsi deux belles opérations, l'une chirurgicale, l'autre commerciale.

Le médecin danois Jacobson raconte qu'ayant extrait un dragonneau de la cheville d'un jeune créole de quatorze ans, venu de la Guinée à Copenhague, il remarqua que sa lancette avait fait une petite ouverture au corps de l'animal et qu'il en découlait une matière blanche. « Mais ce qui m'étonna le plus, dit-il, c'est que le ver se vida et que les parois de son corps s'affaissèrent. Je conçus alors l'idée que la matière rejetée n'était que des œufs. Après avoir attaché l'animal à un morceau de bois, je coupai une partie de l'anse sortie, et je l'emportai chez moi pour l'examiner au microscope. Imaginez-vous mon étonnement, lorsque je vis que cette humeur blanche, que je prenais pour des œufs, n'était composée que d'une quantité innombrable de vers pleins de vie, et qui se mouvaient d'une manière extrêmement vive... Ce qui est inconcevable, c'est la quantité innombrable de vermicules dont le corps du dragonneau est rempli, sans que j'aie trouvé aucune trace de viscère qui les renfermât. Cette observation m'étonnant beaucoup, j'allai alors examiner l'individu[1] que je conservais dans l'esprit-de-vin. A ma grande surprise, en pratiquant des incisions en différents endroits, je fis, par la pression, sortir une masse de ces mêmes vermicules; en sorte que je pense que tout le corps de l'animal en est rempli... Sont-ce bien les petits du dragonneau? Mais alors quelle quantité innombrable! Ou bien, je n'ose presque pas faire cette question, le dra-

---

[1] Cet individu (un autre dragonneau) avait été extrait de la jambe du même enfant.

Extraction du filaire de Médine sur un jeune nègre,
par le médecin Péré

gonneau ne serait-il qu'un tube ou un fourreau rempli de vermicules ? »

Eh bien, oui, l'hypothèse que Jacobson hésitait à proposer, tant il la jugeait invraisemblable, a été confirmée depuis par l'observation. Il est bien vrai que tous les filaires de Médine qui ont été trouvés sur le corps humain n'étaient que des sacs à vermicules. C'étaient des femelles dont tous les organes s'étaient atrophiés pour ne laisser de place qu'aux œufs et aux petits qui en sortent. Ces femelles, comme beaucoup d'autres, obéissent uniquement à un instinct de prévoyance maternelle qui les pousse à chercher pour leur progéniture les conditions les plus favorables, et il paraît que le tissu cellulaire de l'homme leur offre, sous ce rapport, le meilleur résultat possible. Elles s'introduisent donc, une fois fécondées, entre cuir et chair dès que l'occasion s'en présente ; elles sont alors très petites, et leur présence passe pendant quelque temps inaperçue ; puis peu à peu leurs œufs se développent, leurs petits éclosent ; leur corps ou plutôt leur peau s'allonge démesurément, et tout ce travail détermine, chez l'hôte qu'elles ont honoré de leur choix, la formation d'un abcès dont le pus servira de véhicule aux petits dragonneaux, pour retourner à la terre humide où doit s'écouler la première phase de leur existence. L'homme remplit donc vis-à-vis du dragonneau le rôle de couveuse artificielle. Sur cent mille embryons qu'il fait éclore par la chaleur humide de sa peau, il n'y en a souvent pas un seul qui parvienne à rencontrer un terrain marécageux où il puisse vivre et chercher une victime. Aussi la nature a-t-elle doué les femelles d'une fécondité en rapport avec les chances mauvaises réservées à leurs embryons ; elle a multiplié ceux-ci par myriades, en sorte que si une seule femelle arrive à sa croissance et devient féconde, c'est tout ce qu'il faut pour assurer la conservation de l'espèce.

En résumé, le dragonneau n'est pas absolument endosite; c'est même plutôt un ver terricole, dont la femelle devient *cuticole* dans l'unique but de sauvegarder l'avenir de sa postérité.

En Égypte, en Algérie, en Guinée, au Gabon et dans d'autres parties de l'Afrique, l'homme, et particulièrement le nègre, à ce qu'il semble, est sujet à l'intrusion d'un filaire du même genre que le dragonneau, peut-être même de la même espèce, qui se loge dans l'œil entre la conjonctive et la sclérotique, et qu'on a nommé filaire de l'œil (*filaria oculi*). Ce ver est très effilé; il acquiert une longueur de 5 à 6 centimètres, et forme, à la surface du globe oculaire, une saillie que, sans la vivacité de ses mouvements, on prendrait pour une veine variqueuse. M. Guyot, qui a vu souvent ce ver et l'a retiré de l'œil de plusieurs nègres sur la côte occidentale, le considère comme un strongle, et non pas comme un dragonneau. On connaît aussi la femelle d'un autre filaire que plusieurs médecins ont observé dans le cristallin de l'œil, chez les personnes affectées de cataracte.

V

Nématoïdes (suite). — Les trichines et la trichinose. — Épidémies en Allemagne. — Migrations de la trichine.

L'année 1866 fut une année désastreuse pour les charcutiers. Le peuple français avait peur, — ce qui lui arrive de temps en temps, bien qu'il soit un « peuple de braves ». Il avait peur de la viande de porc; il n'osait plus manger ni jambon, ni saucisse, ni saucisson, ni boudin, ni fromage d'Italie, parce que ses journaux lui avaient annoncé que tous ces mets étaient empoisonnés. Grande privation pour une foule de personnes, — surtout pour les gens peu aisés, à qui la charcuterie offre une ressource alimentaire commode et peu coûteuse. Mais les plus à plaindre étaient encore les charcutiers. Ces honorables et utiles commerçants, mélancoliquement assis, les bras croisés, dans leurs boutiques désertes, voyaient déjà en perspective la faillite et la ruine. Pourtant leur conscience ne leur faisait aucun reproche. Ils apportaient dans leurs préparations le même soin qu'à l'ordinaire. Ils n'achetaient que des animaux bien sains, reconnus exempts de ladrerie (affection vermineuse bien connue, dont nous parlerons plus loin). Ils faisaient usage eux-mêmes de la chair de ces animaux sans se porter plus mal pour cela, et ils n'avaient pas entendu dire qu'aucun de leurs clients fût mort ou eût été seulement indisposé pour en avoir mangé, — hormis, bien entendu, les cas d'indigestion, dont ni eux ni les animaux abattus et consommés ne pouvaient être rendus responsables.

Et le fait est qu'en France la viande de porc n'avait pas cessé jusque-là de se montrer parfaitement inoffensive. Mais l'ennemi était à nos portes. D'un jour à l'autre il pouvait passer la frontière. Un fléau nouveau (du moins on le croyait tel) exerçait en Allemagne des ravages dont les nouvellistes traçaient les tableaux les moins rassurants. On parlait de familles entières anéanties, de villages dépeuplés. L'auteur de tout ce mal était un ver de la grosseur d'un cheveu, la *trichine,* qui de la chair du porc, son séjour ordinaire, passait, par la digestion, dans celle des personnes qui en avaient mangé. Des légions de ces trichines envahissaient les intestins, pénétraient à travers les tissus, se répandaient par tout le corps; et les malheureux succombaient rongés, déchiquetés, décomposés par ces odieux parasites. Bien des gens, disait-on encore, avaient péri de la sorte, sans qu'on soupçonnât la vérité;

mais la violence du fléau et les circonstances particulières dans lesquelles il s'était manifesté sur quelques points de l'Allemagne avaient mis les médecins de ce pays sur la trace de la vérité. Ils avaient pratiqué l'autopsie d'un certain nombre de victimes, et constaté dans leurs organes, dans les muscles de leurs membres, la présence d'une multitude de petits points blancs qui, vus au microscope, n'étaient autre chose que des vers. Ils avaient pu s'assurer d'autre part que tous les malades, sans exception, avaient été atteints peu de temps après avoir mangé de la viande de porc ; enfin, examen fait de ce qui restait des porcs dont les malades s'étaient nourris, on y avait retrouvé des vers identiquement semblables à ceux des personnes que l'épidémie avait tuées.

Voilà ce que disaient les journaux, et ce qu'on se répétait entre amis, entre connaissances et entre voisins, en exagérant, selon l'ordinaire, ce qu'on avait lu ou entendu raconter. On ne parlait plus que de trichines et de trichinose ; le choléra même, qui sévissait alors, était oublié. Le gouvernement s'émut de la terreur publique et de la détresse des charcutiers. Deux membres de l'Académie de médecine, MM. Delpech et Raynal, reçurent la mission d'aller étudier la question dans les contrées de l'Allemagne signalées comme les principaux foyers de la nouvelle épidémie. L'enquête, d'ailleurs, se généralisa, les médecins, les vétérinaires, les zoologistes s'étant mis en devoir de recueillir de tous côtés des renseignements que la presse scientifique s'empressa de publier.

Et d'abord, qu'était-ce que la trichine ? A cette première question la réponse était facile : il y avait une trentaine d'années que cet helminthe était connu des savants. La première observation, due au docteur Hilton et communiquée par ce médecin à la Société médico-chirurgicale de Londres, remontait à l'année 1833. M. Hilton, disséquant le cadavre d'un vieillard, avait remarqué une multitude de corpuscules blanchâtres, de forme ovale, disséminés entre les fibres musculaires; mais il les avait considérés comme une sorte de ladrerie due à la présence d'un cysticerque. Deux ans après, Paget eut l'occasion d'observer un fait analogue. Mieux avisé que son confrère, il ne se contenta pas d'une explication hypothétique. Il soumit les corpuscules à l'examen de l'illustre

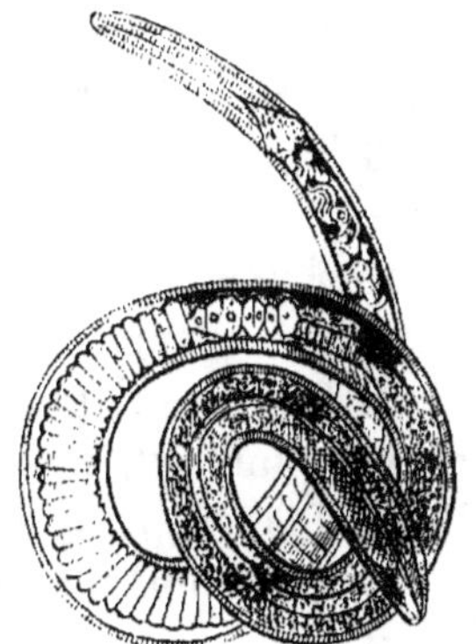

Trichine grossie.

Muscle trichiné.

naturaliste anglais Richard Owen, qui les reconnut pour des vers enkystés. Owen classa ces vers parmi les nématoïdes, en leur imposant le nom de *trichina spiralis*, parce qu'ils étaient aussi ténus que des cheveux, et qu'ils étaient enroulés en spirale dans les vésicules ou kystes où ils s'abritaient comme des chrysalides dans leurs cocons. Depuis lors on eut plusieurs fois l'occasion de constater chez l'homme la présence de trichines libres ou enkystées. Mais l'origine et les mœurs du nématoïde classé par Owen étaient encore très incertaines, lorsqu'en 1860 un médecin de Dresde, M. Zenker, fit l'autopsie d'une jeune fille morte à la suite d'une maladie qui avait présenté les symptômes les plus bizarres, et découvrit dans les muscles et dans les organes de cette infortunée une mul-

titude de trichines libres. Cette jeune fille était servante
dans une ferme où l'on avait tué un porc peu de temps
auparavant. Tous les habitants de la ferme avaient mangé
de la viande de ce porc, et tous avaient été plus ou moins
gravement malades. M. Zenker examina ce qui restait des
jambons, cervelas, boudins ou saucisses provenant de
l'animal, et y découvrit des quantités de trichines. Nul
doute donc que ces vers ne fussent la seule cause de la
maladie qui avait emporté la pauvre servante, et que
M. Zenker appela la *trichinose.* Un autre cas de trichinose
fut observé, en 1862, par M. Friedrich, de Heidelberg,
sur un garçon boucher qui avait mangé du hachis de porc
cru ou mal cuit. A partir de cette époque, et probablement parce que l'attention des médecins allemands a été
mise en éveil et leur diagnostic éclairé par les faits que je
viens de citer, on voit de tous côtés se multiplier les cas
de trichinose : à Corbach, à Calbe, à Planen, à Quedlim-
bourg, à Magdebourg et aux environs, à Weimar, à Stutt-
gart, à Hettstaedt, à Hedersleben, etc.

En 1863, un navire de Hambourg, revenant de Val-
paraiso, avait à bord un porc qu'on tua pour la nourriture de l'équipage, et dont une partie fut mangée fraîche.
Tous ceux qui avaient mangé de cette viande tombèrent
malades, et deux matelots moururent en arrivant à Hambourg. On remit quelques portions de leurs muscles à
M. Wirchow, qui les trouva sillonnés par des trichines
vivantes et libres. Il va sans dire que la viande de porc
était farcie de ces mêmes helminthes, mais à l'état
enkysté.

A Magdebourg, à Hettstaedt et à Hedersleben, la trichinose prit les caractères d'une épidémie des plus graves.
Dans la première de ces villes, le mal sévit pendant cinq
étés successifs, depuis 1858 jusqu'à 1863, et plus de trois
cents personnes en furent atteintes avant qu'on en re-
connût la cause. A Hettstaedt, en une seule année, il y eut

cent cinquante-huit malades, dont vingt-sept succombèrent. A Hedersleben, on compta, en 1866, trois cent
vingt-sept malades et quatre-vingt-deux décès, sur une
population de deux mille âmes. Au début de l'épidémie,
un grand nombre d'habitants, se sentant indisposés et
croyant à une invasion du choléra, quittèrent le bourg;
mais leurs forces les trahirent; presque tous tombèrent
épuisés à peu de distance, et plusieurs furent trouvés
morts sur les routes.

Ce qu'il y avait de plus triste, c'est qu'on ne parvenait
par aucun moyen à arrêter les progrès du mal. Les malades guérissaient ou succombaient sans que les médecins
et leurs remèdes y fussent pour rien. — Je me trompe
sans doute, et il est malheureusement probable que des
médicaments violents, administrés mal à propos, contri-
buèrent plus d'une fois à aggraver l'état des patients, sans
incommoder en aucune façon les vers qui les dévoraient.

En 1881, l'alarme a été de nouveau donnée en Europe.
Cette fois c'étaient les viandes de porc, les jambons im-
portés depuis quelques années d'Amérique, où l'on avait
reconnu la présence des trichines. Il fut question de
prohiber cette importation. En France, on se contenta
de prendre des mesures moins radicales. C'est surtout à
Paris que les viandes de porc préparées en Amérique
sont l'objet d'une grande consommation. Au mois de
février, un avis de la préfecture de police informa la
population que « des ordres étaient donnés pour qu'une
surveillance des plus sévères fût exercée sur tous les arri-
vages, soit aux gares, soit aux huit portes par lesquelles
l'introduction des viandes dans Paris est autorisée. A cet
effet, les inspecteurs de la boucherie étaient munis de
microscopes, et toutes les caisses contenant des viandes
importées d'Amérique étaient soumises à l'examen. Les
viandes où l'on constatait la présence de trichines étaient
saisies et détruites. Des perquisitions furent faites chez

des commerçants qui avaient trompé la surveillance de la police, et les débitants de charcuterie qui avaient acheté de cette marchandise frauduleusement introduite, reçurent l'ordre de la soumettre à l'examen des inspecteurs avant de la mettre en vente. On exhortait d'ailleurs le public à ne point s'alarmer de ces précautions, et on lui indiquait le moyen de rendre inoffensives les viandes de porc d'Amérique ou d'ailleurs.

On aurait pu s'en tenir là. Mais le gouvernement crut devoir d'abord généraliser, en les appliquant aux départements, les mesures prises à Paris par le préfet de police, et une circulaire fut adressée dans ce but par le ministre du commerce à tous les préfets de la république. Des viandes de porc salées, de provenance américaine, furent en outre saisies au débarquement dans les ports de Marseille, de Bordeaux, du Havre. Enfin, un décret prohiba jusqu'à nouvel ordre leur importation, privant ainsi l'alimentation publique, et particulièrement l'alimentation populaire, d'une ressource précieuse. Le plus sage eût été peut-être de se contenter d'un simple avis au public, inséré dans tous les journaux et affiché partout avec une profusion suffisante pour que « nul n'en ignorât ». Cet avis pouvait, en quelques lignes, informer le public du danger que présentait *dans certaines conditions* l'usage des viandes de porc, et lui enseigner le moyen de s'en préserver, moyen simple et infaillible, que nous indiquerons tout à l'heure. Mais achevons d'abord de faire connaître les métamorphoses et les mœurs de notre entozoaire.

Les trichines ont la vie très dure : attaquées directement par une solution arsenicale, par l'huile de ricin, par l'iodure de potassium, par la décoction de racine de grenadier, elles résistent longtemps. La benzine, l'eau fortement salée, le vinaigre, la créosote les tuent assez vite; mais comment les atteindre dans le tissu muscu-

laire de l'homme vivant? Il y faudrait employer des médicaments très énergiques, qui fussent des poisons pour
elles, et qui en même temps fussent non seulement inoffensifs pour les malades, mais pussent être assimilés,
incorporés dans les muscles : chose absolument contraire
à toutes les lois physiologiques. En présence d'une personne aux prises avec les trichines, le médecin n'a donc

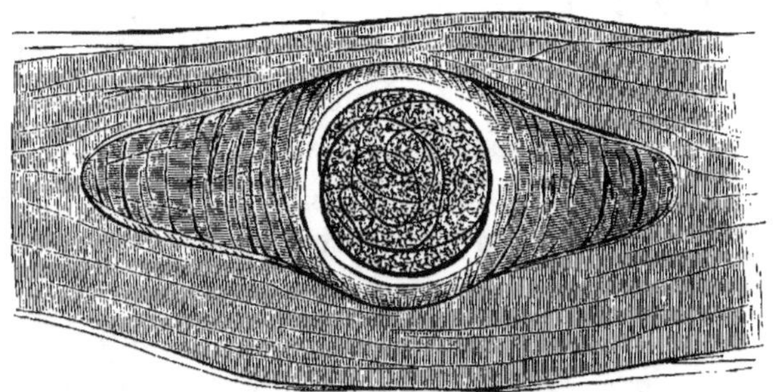

Trichine enkystée.

absolument rien à faire qu'à se croiser les bras et à contempler cette lutte où l'homme n'oppose à ses innombrables ennemis intérieurs qu'une résistance purement
passive. Pour que l'homme guérisse, il faut donc qu'il
soit d'un tempérament assez robuste pour supporter le
long et formidable travail auquel se livrent des milliers de
vers, pour passer de ses intestins dans sa chair et s'y
enkyster. Une fois l'enkystement accompli, l'ordre se
rétablit assez promptement, la santé revient, et les trichines ne donnent plus signe de vie. Mais on conçoit que
tout le monde n'est pas de force à tenir bon contre un
tel remue-ménage intérieur. Aussi le malade succombe-
t-il souvent aux ravages multipliés de ses ignobles en-
vahisseurs.

Les trichines enkystées, ai-je dit, ne donnent plus signe
de vie. Elles attendent, en effet, patiemment que l'indi-

vidu chez lequel elles se sont établies devienne la pâture d'un autre animal qui leur rende le service de les avaler. Les kystes sont dissous par le suc gastrique ; les trichines sont délivrées et prennent tout leur développement, c'est-à-dire qu'elles atteignent une longueur de 2 à 3 millimètres. Elles n'ont alors rien de plus pressé que de se reproduire. Au bout de cinq jours, d'après Leuckart, les femelles commencent leur ponte, qui dure plusieurs semaines et donne naissance à des embryons vivants, au nombre d'un millier environ pour chaque femelle. La ponte terminée, tous les parents meurent, et sont rejetés avec les matières fécales ; les petits commencent à se frayer un passage à travers les parois de l'estomac et de l'intestin. Heureuse la personne délicate chez qui ce travail détermine dès le début des troubles intestinaux et l'expulsion immédiate des larves par les vomissements et par les selles ! Mais les larves sont d'abord si petites (elles n'ont guère que de 8 à 12 centièmes de millimètre de longueur), que le plus ordinairement elles traversent le tissu des organes digestifs sans causer de malaise violent, et dès ce moment le mal est sans remède : la trichinose est confirmée.

Les animaux sujets à cette affection ne paraissent pas en souffrir. On n'a jamais vu, que je sache, un porc tomber malade et mourir de trichinose. Il continue de manger, de boire, d'engraisser même ; on le tue, on le mange frais, fumé ou salé, et avec lui les trichines enkystées, qui, une fois dans l'estomac de l'homme, deviennent libres, se reproduisent, comme nous venons de le voir.

Mais, demandera-t-on, d'où viennent les trichines qui se multiplient, voyagent et s'enkystent chez le porc ? Elles ne viennent pas de l'homme assurément ; car en aucun pays civilisé, Dieu merci, on ne commettrait cette hideuse profanation de nourrir les porcs avec de la chair humaine.

— Non, sans doute, mais l'homme et le porc ne sont pas

seuls sujets à la trichinose. Il paraît que cette affection se développe fréquemment chez les rats et les souris; or dans les fermes il n'est point rare que les porcs, animaux très voraces, comme on sait, dévorent les cadavres de ces rongeurs, si même ils ne les croquent vivants quand par hasard ils les attrapent dans leur bauge. Ce seraient donc les rats et les souris qui communiqueraient les trichines aux porcs. — Mais qui les communique aux rats et aux souris? — Ah! vous m'en demandez trop. Qui peut savoir où et comment sont nés la première trichine, le premier ascaride, le premier strongle, le premier tænia!

Mais il est d'autres questions moins indiscrètes que le lecteur est en droit de m'adresser; par exemple, celle-ci: Pourquoi, de 1860 à 1866, la trichinose, qui désolait l'Allemagne, a-t-elle épargné la France, et bien d'autres pays où cependant on ne laissa pas de consommer sous diverses formes de grandes quantités de viande de porc? C'est peut-être d'abord parce que les porcs allemands, par suite du régime auquel on les soumet, sont plus sujets à l'infection trichineuse que les porcs français, anglais et autres. Mais c'est principalement, à coup sûr, parce qu'en Allemagne on mange beaucoup de jambons, saucisses et saucissons crus ou trop peu cuits. Car la conclusion de toute cette histoire, sa moralité très consolante et très rassurante est celle-ci: la médecine ne peut rien, mais la cuisine peut tout contre la trichinose. Mangez tant qu'il vous plaira du boudin, des saucisses, du lard, du jambon, etc., sans vous soucier de savoir si l'animal duquel proviennent ces comestibles était ou non trichiné; mais ne mangez tout cela que bien cuit ou bien fumé. Car la cuisson fait périr les trichines enkystées ou non [1]. Le fumage produit le même effet, mais moins sûre-

---

[1] L'instruction dont nous avons parlé plus haut recommande d'inciser les viandes afin que leur cuisson soit plus complète. D'après les expériences des

ment et moins complètement. J'ajoute, pour ne laisser
dans l'esprit du lecteur aucune inquiétude, qu'en 1865,
en 1866 et jusqu'à l'heure même où j'écris, notre pays a
été préservé de la trichine ; c'est tout au plus si l'on en a
signalé quelques cas isolés, et d'une authenticité douteuse.

VI

Cestoïdes. — La *ladrerie* du porc et le ver solitaire de l'homme. —
Le *tournis* du mouton et le tænia cénure du chien.
— Autres exemples.

Tout le monde sait que le porc domestique est sujet à
une autre maladie appelée *ladrerie*, et caractérisée par
la présence dans le tissu cellulaire d'une multitude de
vésicules elliptiques dont le plus grand diamètre atteint
de 12 à 20 millimètres, et le plus petit, de 5 à 10 et quelquefois plus. Ces vésicules peuvent exister dans toutes
les parties ; mais elles sont surtout nombreuses dans les
muscles intercostaux et dans le frein de la langue. C'est
probablement l'extrême fréquence de cette affection chez
les porcs de l'Asie qui avait fait proscrire ces animaux
comme impurs par les anciens législateurs orientaux, et
notamment par Moïse, dont les préceptes à cet égard ont
été conservés par Mahomet. En France même, la ladrerie
était autrefois rédhibitoire, d'après les coutumes de certaines provinces, et Louis XIV avait institué des *lan-
gueyeurs* jurés, qui avaient mission de reconnaître si les
porcs amenés sur les marchés étaient ou non affectés de

physiologistes, aucune trichine ne résiste à une température de 60 degrés.
Cette température est de beaucoup dépassée par la cuisson au four, ou même
dans l'eau bouillante, pourvu que la durée de cette cuisson soit propor-
tionnée au volume du morceau, soit à raison d'une heure par kilogramme.

ladrerie. On a encore recours à ces experts dans plusieurs pays; mais leur rôle n'a plus rien d'officiel. Dans le midi de la France, on les appelle des *tombeurs*, parce qu'avant d'inspecter la bouche de l'animal ils commencent par le *tomber*, c'est-à-dire le terrasser; ce qu'ils font très adroitement, en le saisissant par le pied gauche antérieur, en même temps qu'ils le poussent vigoureusement par l'épaule droite. Ils le maintiennent ensuite avec le genou, écartent les mâchoires avec un bâton, sortent la langue de la gueule, la palpent, l'examinent et rendent leur verdict, toujours accepté par les deux parties. En outre du signe pathognomonique irrécusable fourni par la présence des vésicules sublinguales, le porc atteint de ladrerie avancée présente des symptômes propres à faire soupçonner son état, sinon à le déceler avec évidence : faiblesse générale, pâleur des muqueuses, infiltration du tissu cellulaire. A l'autopsie, les tissus envahis par les vésicules se montrent plus ou moins profondément altérés. Au début de la maladie, ils sont légèrement congestionnés; mais plus tard ils s'endurcissent, perdent leur souplesse et leur élasticité; le sang est séreux et fluide; les muscles sont ternes, sans cohésion, en partie décolorés; l'ensemble est, en somme, fort peu appétissant. La chair du porc ladre craque sous la dent, et ne constitue qu'un aliment fade et peu nourrissant. Elle peut cependant entrer dans la consommation sans inconvénient grave, mais sous cette condition indispensable qu'on ne la mange que bien cuite; car les corps globuleux dont nous venons de parler sont des helminthes qui, introduits vivants dans les organes digestifs de l'homme, deviendront pour lui des hôtes fort incommodes, sinon dangereux.

Il n'est pas sans doute un de mes lecteurs qui n'ait entendu parler du ver solitaire; beaucoup même en ont pu voir, aux vitrines de quelques pharmaciens, de très beaux exemplaires suspendus dans de longs bocaux rem-

plis d'alcool. Ils ressemblent à des cordons blanchâtres,
aplatis, très minces à l'une de leurs extrémités, qui se
termine par une petite tête grosse comme celle d'une
épingle. Le reste du corps est formé de segments ou
articles emboîtés les uns dans les autres, et formant une
sorte de chapelet long quelquefois de plusieurs mètres.
Les zoologistes ont donné à cette espèce d'entozoaire le
nom de *tænia solium* : ordre des cestoïdes ou vers ru-
banés. *Tainia* en grec, *tænia* en latin signifient ruban,
bandelette, et *tænia solium* signifie non pas, selon la
traduction vulgaire, *ver solitaire*, mais bien *ver des solitaires;* ce qui ferait supposer qu'il a été observé primitivement chez quelque ermite, — peut-être chez le bon
saint Antoine, s'il est vrai, comme on l'en a accusé, qu'un
jour, poussé par la faim, il se décida à tuer son cochon et
à le manger.

Quoi qu'il en soit, le nom de ver solitaire est impropre,
une seule et même personne pouvant très bien héberger
à la fois deux ou plusieurs *tænia solium*. Quoi qu'il en
soit, le ver dit solitaire, ou *tænia solium,* et le ver vési-
culeux (*hydatide*) du cochon ladre, ne sont qu'un seul et
même animal, tout comme le distome hépatique et son
sporocyste. Le second, que les zoologistes appellent cysticerque du tissu cellulaire (*cysticercus cellulosæ*), est la
larve ou *scolex* du premier.

Autre exemple. Le mouton héberge, lui aussi, une hydatide de cestoïde; mais celle-ci, au lieu de se caser
dans les muscles et dans les organes parenchymateux,
pénètre jusque dans l'encéphale. On l'a nommée cénure
cérébral. Elle détermine chez le malheureux ruminant une
maladie cruelle et toujours funeste : le *tournis,* appelé
aussi *tournoiement, lourderie, lourdinerie,* etc. « L'animal « lourd » ou affligé du tournis, dit M. Eug. Gayot, se
reconnaît à sa marche incertaine et chancelante. Toutes
ses actions se ressentent de cet état : tantôt il devance le

troupeau; d'autres fois et plus souvent, il reste à la queue, en traînard; on le voit alors quitter la troupe et se perdre. Il **a** la tête lourde; il la tient tournée et toujours du même côté; il lève le nez, tombe et se relève, pour retomber et se relever encore. Dès lors il s'égare aux champs et ne mange pas, soit parce qu'il n'y voit plus, soit parce que le mal lui ôte l'appétit. Il reste couché, étourdi, stupide; il dépérit peu à peu et meurt dans le marasme. »

Le paysan ne veut rien perdre. Ne pouvant ni vendre ni consommer l'animal mort du tournis, il cherche à l'utiliser pour la nourriture d'autres animaux : porcs, chiens, volailles. Si même le mouton malade a été tué en prévision d'une mort prochaine, ses abats sont jetés aux chiens de la ferme, le plus souvent sans qu'on ait pris la peine de les faire cuire. Un chien broie la tête du mouton, dévore la cervelle et avale des cénures. Ceux-ci ne tardent pas à devenir dans son intestin, comme les cysticerques dans l'intestin de l'homme, des tænias, mais d'une espèce différente, qu'on a désignée sous le nom de *tænia cœnurus*. Le chien reçoit, du reste, par une transmission semblable, bien d'autres tænias. C'est, de tous les animaux, je crois, le plus maltraité sous ce rapport. On connaît jusqu'à huit espèces de cestoïdes qui vivent à ses dépens, et, chose remarquable, toutes dans son intestin grêle. Les *tænia serrata* et *serialis* lui sont donnés par les lièvres et les lapins : le premier, sous forme de cysticerque pisiforme; le second, à l'état de *cœnurus serialis*. C'est le cysticerque pisiforme qui détermine chez le lapin domestique la maladie connue sous les noms de *boule,* de *gros-ventre,* d'*hydropisie,* de *bouteille.* Le chien héberge encore le tænia du cysticerque à cou mince (*cysticercus tenuicollis*) qui lui vient des ruminants domestiques; le *tænia echinococcus,* qui a la même origine et qui lui est commun avec son maître; les *tænia cannia* ou *cucumerina* et *pseudo-cucumerina,* et le *bothriocephalus serratus,* qui lui viennent on ne sait d'où. Ce dernier est rare.

Le rat, la souris, et d'autres menus rongeurs sont sujets aux attaques d'un scolex, le *cysticercus fasciolaris,* qui se loge dans leur foie. D'où il suit que le chat qui les mange donne l'hospitalité à un tænia dérivant de ce scolex : c'est le *tænia crassicollis.* Rien de plus naturel. Dans tous les exemples que je viens de citer, on voit les animaux qui nourrissent des scolex de cestoïdes les communiquer à l'homme et aux animaux qui se nourrissent de leur chair. Cela se conçoit sans aucune difficulté. On conçoit aussi aisément que les porcs, les bœufs, les moutons avalent, avec leurs aliments ou leur boisson, des œufs de cestoïdes rejetés par les sujets infestés de ces vers, et que de ces œufs naissent les scolex qui, en changeant de demeure, deviennent des cestoïdes rubanaires. Mais ce qui se comprend moins, c'est que les herbivores puissent être envahis, comme les carnivores, par des tænias adultes. Ce phénomène n'est pas rare. Faut-il donc croire que ces helminthes subissent chez un seul et même individu toutes leurs métamorphoses? Cela serait contraire à ce que l'observation et l'expérience nous ont fait connaître touchant la physiologie des cestoïdes et des autres vers intestinaux. On sait, en effet, que ces entozoaires ne passent de l'état de larve à l'état parfait qu'après avoir été transportés, de l'animal chez qui s'est opérée la première phase de leur développement, dans un autre animal d'une espèce différente et déterminée. Cette règle est générale. Rien ne prouve cependant qu'elle ne comporte pas des exceptions. P. Gervais et Van Beneden citent sans le nommer « un homme fort distingué », qui leur a affirmé que « les jeunes *tænia plicata* provenant des intestins du cheval peuvent devenir des cysticerques fistulaires dans l'abdomen du même animal ». Il est permis de trouver que cette assertion, si distingué qu'en soit l'auteur, aurait besoin de s'appuyer au moins sur quelques preuves, et la question n'en reste pas moins fort embarrassante.

VII

Nous n'avons fait qu'indiquer jusqu'ici les deux phases les plus caractéristiques du développement des vers cestoïdes. Nous avons vu ces helminthes vivre d'abord à l'état de vers vésiculaires ou *scolex* dans les tissus de certains animaux, puis à l'état de vers rubanaires ou *strobiles* dans les organes digestifs d'autres animaux. Mais ce ne sont là que les deux points culminants d'une évolution physiologique fort complexe, et assez curieuse pour qu'il vaille la peine de l'étudier dans ses détails. Considérons donc l'espèce qui nous intéresse le plus, non seulement parce qu'on peut la regarder comme le type du groupe, mais parce qu'elle est tout à fait de notre intimité, faisant de préférence élection de domicile dans le corps humain, — c'est du *tænia solium* que je veux parler, — et reprenons les choses *ab ovo,* à partir de l'œuf. L'œuf du tænia est très petit, et protégé par une coque cornée qui lui permet de résister aux agents de destruction, sécheresse et humidité, chaleur et froidure, et d'attendre pendant assez longtemps que le hasard le place dans des conditions favorables à son éclosion. M. C. Baillet a pu voir au microscope des embryons de *tænia pseudo-cucumerina* se mouvoir dans des œufs tirés de fragments de l'animal parfait, qu'il avait conservés dans l'eau pendant dix-huit jours d'hiver, et qui même s'étaient trouvés engagés pendant plus de vingt-quatre heures dans une couche de glace de deux à trois centimètres d'épaisseur.

La conservation de l'espèce n'est, du reste, que trop bien assurée par la prodigieuse quantité d'œufs que peut produire un seul individu. Dujardin en évalue le nombre à vingt-cinq millions. En réalité, il n'y a point de limite,

1. Cysticerques du tissu cellulaire (muscle de porc ladre). — 2. Individu attaché à de la graisse. — 3. Échinocoque de l'homme. — 4. Cysticerque du cochon.

puisque, comme nous le verrons bientôt, un seul ver reproduit indéfiniment un nombre indéfini d'articles, et que chacun de ces articles est un individu mâle et femelle qui se féconde lui-même et engendre des œufs par milliers.

Chaque œuf renferme, au moment où il est expulsé, un embryon de forme globuleuse, muni de six paires de crochets mobiles qui doivent lui servir d'organes de locomotion et de perforation. Cet embryon est ce que M. Van Beneden a appelé le *protoscolæx* du tænia. Il ne sort de l'œuf que lorsque celui-ci a été porté par un heureux hasard, — heureux pour le tænia, s'entend, — dans le corps d'un animal... habitable. C'est alors une sorte de larve, dont la première et unique occupation est de se frayer un passage à travers les tissus et de s'installer dans un lieu où il puisse se développer à l'aise. Pour l'embryon du *tænia solium,* ce lieu est, par excellence, la chair ou quelque organe parenchymateux du porc; mais il s'accommode aussi, à la rigueur, des muscles ou des viscères du veau et du bœuf, voire de l'homme lui-même. Une fois qu'il a trouvé un domicile, le protoscolex perd ses crochets et passe à un état analogue à celui que nous avons déjà remarqué chez les trématodes, et qu'on désigne sous le nom de *nourrice*. Il n'a plus d'existence propre. C'est une ampoule formée d'une enveloppe membraneuse transparente, remplie d'un liquide albumineux, et destinée à procréer un ou plusieurs indivi·lus (*deutoscolex*, de Van Beneden et P. Gervais), qui prennent naissance dans son intérieur et y demeureront enfermés jusqu'à nouvel ordre. Tel est l'être double ou multiple, à la fois contenant et contenu, qui constitue l'état *hydatique* ou l'*hydatide* des cestoïdes.

Mais les hydatides prennent encore différents noms, suivant le nombre et les dimensions des larves du second degré ou *scolex* qu'elles renferment. Ces larves adhèrent à la paroi interne de l'enveloppe. Elles se présentent sous la forme de corps blanchâtres, ridés transversalement, faisant à la surface de l'ampoule une saillie plus ou moins sensible. Il y a des hydatides qui n'en contiennent point, soit parce qu'une cause inconnue les a frappées de stérilité, soit simplement parce que les scolex n'ont pas encore eu le temps de s'y développer : ce sont les *acéphalocystes* (ampoules sans têtes) de Laënnec. Il y en a d'autres qui ne produisent qu'un seul scolex : ce sont des *cysticerques;* d'autres encore où l'on en trouve plusieurs, et si les scolex qu'elles renferment sont de dimensions respectables, ce sont des cénures. Enfin on désigne sous le nom d'échinocoques les hydatides polycéphales à petits scolex nombreux, fixés intérieurement à la membrane hydatique par des pédicules qui se rompent lorsque les scolex ont atteint leur développement; en sorte que ceux-ci tombent dans la cavité de la vésicule, et nagent librement dans le liquide dont elle est remplie. Un autre caractère important distingue encore l'échinocoque du cénure, dont il se rapproche d'ailleurs par la pluralité des *deutoscolex.* C'est que la vésicule du premier jouit souvent de la propriété remarquable de produire d'autres ampoules sem· blables à elle, qui, tombant dans sa cavité, deviennent à leur tour autant de nourrices capables de faire naître, comme celles dont elles dérivent, de jeunes scolex ou de nouvelles ampoules. (Baillet.) On voit de ces hydatides gemmipares qui sont d'une fécondité désespérante, et poussent des bourgeons non seulement sur leur surface interne, mais encore sur leur surface externe. D'après M. Davaine, la vésicule des échinocoques serait formée de deux membranes : l'une, extérieure, à laquelle il réserve le nom de membrane hydatique, serait seule apte à engendrer de nouvelles ampoules semblables à elle-même et douées de la même faculté génératrice; l'autre, intérieure, tapissant la première sans y adhérer, serait seule aussi propre à engendrer les scolex qu'on trouve tantôt libres, tantôt adhérents dans la vésicule des échinocoques.

Maintenant que nous connaissons les diverses formes et les différents caractères que peuvent présenter les cestoïdes dans la seconde phase de leur développement, c'est-à-dire dans la phase hydatique, revenons au cas particulier du *tænia solium,* dont l'hydatide est, comme nous le savons déjà, une hydatide *monocéphale* (à une seule tête) ou un cysticerque. Dans le scolex unique qui occupe l'intérieur de son ampoule, il est déjà facile de reconnaître le futur ver rubanaire. Il faut seulement, pour cela, détacher le corps de la membrane hydatique, et en retirer la tête que l'animal, oisif pour le moment, tient enfermée ou, comme disent les helminthologistes, engai· née en lui-même. De telle sorte qu'on n'aperçoit, à la surface de l'ampoule, qu'un petit mamelon percé à son sommet d'un orifice correspondant à un étroit canal. La tête est au fond de ce canal. En l'examinant au microscope, on remarque d'abord, en avant, une sorte de trompe (*proboscis* ou *rostellum*) entourée d'une couronne de crochets cornés; puis, sur les côtés, quatre ventouses sessiles qu'on qualifie à tort de suçoirs, car l'animal ne s'en sert, ainsi que de ses crochets, que pour se fixer à la muqueuse intestinale. La tête est portée sur un cou très délié, incomplètement articulé, qui sort de la vésicule

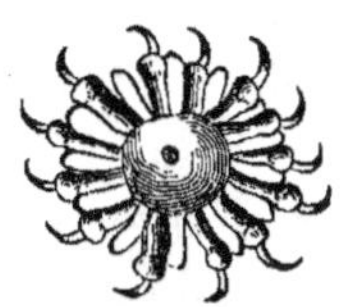

Crochets
du tænia solium.

Tête du tænia solium
vue de face.

Tête du tænia solium
vue de profil.

avec la tête elle-même, lorsque le cysticerque a été introduit dans l'appareil digestif de l'homme ou de l'animal qui doit le loger et le nourrir pendant sa dernière évolution. C'est alors que le scolex se sépare de son ampoule, celle-ci étant détruite par les liquides de l'estomac; qu'il s'attache à la muqueuse de l'intestin grêle; qu'il passe à l'état de *strobila* ou *strobile,* ou de ver rubanaire, ou enfin de tænia parfait, et qu'il entre dans une période de développement presque illimité. Les articles ou anneaux qui faisaient suite à sa tête se dessinent nettement, s'élargissent, deviennent distincts et se multiplient de manière à former cette sorte de cordon ou de chapelet, long quelquefois de plusieurs mètres, qui constitue le *ver solitaire.*

Il est important de noter que les nouveaux anneaux prennent naissance près de l'extrémité céphalique, repoussant vers l'extrémité opposée les anneaux précédents; en sorte que le dernier est toujours le plus ancien, et porte à son bord postérieur une échancrure que M. de

Siebold a appelée *cicatrice terminale*, et qui n'est autre chose que la trace persistante de la déchirure par laquelle le scolex s'est séparé de sa vésicule hydatique. Mais ce qui est bien plus extraordinaire, c'est que chacun de ces articles est un individu complet, un être hermaphrodite à la fois mâle et femelle. Il ne peut, à la vérité, engendrer d'autres articles semblables à lui. La « tête » seule possède ce pouvoir; et aussi est-ce avec raison que les malades infestés du tænia ne se considèrent jamais comme délivrés de leur helminthe, tant qu'ils n'ont pas expulsé cette tête. Mais chaque élément du ver total, — on peut dire collectif, — possède la faculté bien autrement précieuse de se féconder lui-même et d'engendrer des myriades d'œufs propres à la reproduction de protoscolex qui, placés dans des conditions favorables, deviendraient à leur tour autant de tænias parfaits. Ces éléments ou articles du strobile, une fois fécondés, se désagrègent et sont rejetés isolément avec les selles. Les œufs sont souvent pondus dans l'intestin du sujet et rejetés de la même façon; d'autres fois la ponte n'a lieu qu'après l'expulsion de l'anneau ovifère. Dans les deux cas celui-ci meurt ayant accompli sa mission et assuré, autant qu'il dépendait de lui, la perpétuité de son aimable espèce.

On prenait autrefois les fragments reproducteurs du ver strobilaire pour autant d'helminthes distincts, et on les avait appelés *cucurbitains*, leur trouvant une certaine ressemblance avec des graines de courge. Van Beneden et P. Gervais leur ont donné le nom de *proglottis*, emprunté à Dujardin, qui l'avait appliqué aux prétendus cucurbitains des anciens auteurs.

Les heminthologistes ne sont pas d'accord sur l'organisation des tænias et des autres cestoïdes. M. Ém. Blanchard accorde à ces vers un appareil nerveux, un appareil digestif et un appareil circulatoire. Van Beneden et P. Gervais ne se prononcent pas sur le premier point; mais

pour ce qui est des organes de la digestion, les savants
auteurs de la *Zoologie médicale* affirment que les cestoïdes
en manquent entièrement, ainsi que d'organes spéciaux
de respiration. Entre deux autorités aussi imposantes que
celles de M. Van Beneden et de M. E. Blanchard, M. Baillet
s'abstient de prononcer. Je ne puis qu'imiter cette sage
réserve. Les cestoïdes n'ont, du reste, point de bouche,
et ils sont dépourvus d'appendices locomoteurs.

VIII

Cestoïdes (suite). — Tænias armés et tænias inermes. —
Le *cysticercus cellulosæ* et le *tænia solium* chez l'homme. — Observations
diverses. — Erreurs de M. Raspail.
— Effets de la présence du *tænia solium*. — Médication. —
Autres tænias. — Le bothriocéphale.

Les cestoïdes sont partagés aujourd'hui en six familles;
nous n'avons à nous occuper que de deux de ces familles :
celle des *tæniadés* et celle des *bothriocéphalidés*. La première, essentiellement propre aux animaux supérieurs et
à l'homme, a été elle-même divisée en deux groupes distincts : celui des *échinotæniens,* ou *tænias armés de crochets,* et celui des *gymnotæniens, tænias inermes* ou *sans
crochets.* Les premiers semblent choisir exclusivement
pour demeure, à l'état parfait, le tube digestif des carnivores et des autres mammifères qui mangent de la chair;
au contraire, les mammifères phytophages n'ont, en général, que des tænias inermes. L'homme, en sa qualité
d'omnivore, a le triste avantage de pouvoir contracter
les tænias des herbivores (tænias inermes), ainsi que les
tænias des carnivores. Cependant il est incomparablement
plus sujet à être envahi par les seconds que par les premiers. C'est ordinairement le ver rubanaire qu'il héberge

dans ses organes digestifs. Toutefois il peut recevoir accidentellement des vers hydatiques.

Nous savons comment le cysticerque du cochon ladre, avalé avec la viande crue ou mal cuite de cet animal, se transforme, dans l'intestin grêle de l'homme, en *tænia solium* ou ver solitaire. Il n'est pas rare que le cysticerque lui-même s'introduise dans le tissu cellulaire de l'homme, ou s'égare, on ne sait comment, dans certains organes dont il n'a pourtant pas coutume de faire son séjour.

Quant au tænia rubanaire, il se loge invariablement dans l'intestin grêle. Cet endosite était connu des anciens. Hippocrate, Aristote, Pline, en font mention; mais il a été bien décrit pour la première fois par Werner, dans un opuscule écrit en latin et publié à Leipzig en 1782, sous ce titre : *Vermium intestinalium, præsertim tæniæ humanæ, brevis expositio.* Il est répandu dans toute l'Europe; cependant il est rare dans certains pays : en Russie, en Pologne, en Suisse, où il est remplacé par le bothriocéphale. Il existe aussi en Asie, en Amérique et dans les colonies européennes, et il est fort commun en Égypte, en Abyssinie et dans quelques autres parties de l'Afrique. Sa croissance est extrêmement rapide. Deux ou trois mois après son introduction dans les voies digestives sous forme de scolex, il peut atteindre 2 à 3 mètres de longueur. C'est environ 1 mètre par mois. Il est impossible de savoir à quelle limite s'arrêterait ce formidable développement, si les proglottis ne se désagrégeaient et n'étaient expulsés au fur et à mesure de leur maturité, ou, pour parler plus exactement, de leur fécondation. Malgré cela, il n'est pas rare de voir des tænias de 4 à 5 mètres de longueur, et l'on en cite des exemplaires qui avaient jusqu'à 40 mètres !

J'ai dit précédemment ce qu'il faut penser de la prétendue solitude du tænia de l'homme. Les personnes qui

ont l'imprudence de manger de la viande de porc crue
peuvent absorber des cysticerques en grand nombre et héberger ainsi à la fois plusieurs tænias. Sur deux cents
cadavres dont il a fait l'autopsie, M. Bilharz en a trouvé
trois où les tænias n'étaient point solitaires, et il a compté
cinq de ces helminthes dans l'intestin d'un même sujet. Il
y a mieux : le *Deutsche Klinik* d'A. Gœerscken (1853), cité
par P. Gervais et Van Beneden, rapporte qu'un docteur
K... (de Gorlitz), ayant fait rendre à un de ses malades
quarante et un tænia solium, interrogea l'hôte de cette
nombreuse colonie d'entozoaires sur son régime, et apprit
de lui qu'il mangeait tous les jours du porc non cuit. L'in-
compatibilité qu'on a cru remarquer entre le tænia et le
bothriocéphale n'est même pas absolue. Creplin a remarqué, dans la collection de Rudolphi, l'un et l'autre de
ces cestoïdes, à l'état de proglottis, provenant de la même
femme, et ce n'est pas là le seul exemple de cohabitation
du *tænia solium* et du bothriocéphale.

On ne saurait trop insister sur ce point, aujourd'hui
hors de doute, que c'est presque toujours avec de la viande
de porc crue que le tænia s'introduit chez l'homme. Le
docteur Aubert, dans un mémoire lu à l'Académie de
médecine en 1841, rapporte qu'en Abyssinie les chrétiens, hommes, enfants et femmes, qui mangent du porc
plus souvent cru que cuit, ont presque tous des tænias,
tandis que les musulmans en sont exempts; ce qui s'explique aisément, puisque ceux-ci ont la chair du porc en
horreur. Cette observation est confirmée par le témoi-
gnage de Bilharz, qui ajoute que les chrétiens d'Abyssinie
ne considèrent pas comme étant dans un état normal ceux
de leurs enfants qui ne rendent pas de temps à autre quelques fragments de tænia, et que dans le pays, lorsqu'on
achète un esclave, on commence par lui administrer un
paquet de kousso. Ruppell dit de son côté que les moines
abyssiniens, qui s'interdisent l'usage de la viande et du

laitage, jouissent de la même immunité que les musulmans. Parmi les chartreux de Vienne, qui observent la même règle, le docteur Reinheim, médecin du couvent, n'a jamais constaté non plus un seul cas de tœnia, tandis que ce ver est très commun dans la population laïque, à Vienne et aux environs.

Depuis longtemps on a remarqué en Europe que les charcutiers, les bouchers et les gens travaillant dans les cuisines sont plus exposés que d'autres aux tœnias. En Thuringe, d'après les auteurs de la *Zoologie médicale,* presque tout le monde en a, et beaucoup d'individus en ont plusieurs à la fois. Cela tient à ce que dans ce pays on a l'habitude de manger des tartines faites avec un hachis de viande de porc cuite et crue. En France et en Belgique les charcutiers ont souvent des tœnias.

Si l'on doit conclure de ce qui précède que le ver solitaire habite très fréquemment le corps humain, il en résulte aussi que sa présence dans notre tube digestif n'est pas un fait aussi grave qu'on le croit généralement. Combien voit-on de gens qui pâlissent d'effroi à la seule pensée qu'ils pourraient avoir le ver solitaire ! Le monstre est pourtant loin de mériter la terrible réputation dont il jouit. Cette réputation, il faut bien le dire, est un peu l'œuvre des empiriques et des charlatans auxquels le vulgaire et bon nombre de « gens du monde » ont trop souvent recours, et qui, en exagérant le mal, se donnent le facile mérite d'en triompher par de prétendues panacées et des remèdes secrets. On se fait aussi les idées les plus fausses touchant la nature des symptômes qui accompagnent le développement du tœnia, et cela vient surtout de l'ignorance où l'on est de l'organisation et, si l'on peut ainsi dire, des mœurs de cet entozoaire. On se le représente comme une sorte de vampire qui ronge et perfore les tissus organiques, suce le sang, arrête au passage les aliments, épuise et affame le malheureux chez lequel il s'est installé. On croit aussi qu'il exécute dans sa prison vivante des mouvements de toute sorte ; qu'il s'enroule et se déroule, voyage d'un bout à l'autre du tube digestif, tantôt remontant jusqu'à la bouche et aux fosses nasales, tantôt se pelotonnant dans l'estomac ou descendant jusqu'au rectum ; le tout avec la prestesse et l'agilité d'un reptile. Que dis-je? il ne manque pas de gens qui s'imaginent que le ver solitaire pénètre à son gré dans tous les organes et peut attaquer le foie, le cœur, les poumons, le cerveau. Certaines sensations obscures, dont le patient même ne sait pas reconnaître le siége; d'autres, parfois douloureuses, qu'on nomme sympathiques, parce qu'elles n'affectent qu'indirectement certains organes par suite d'impressions produites sur d'autres organes en rapport avec les premiers, peuvent, à la vérité, donner le change au malade et lui faire illusion sur le caractère et sur la cause de son mal.

Comment s'étonner, d'ailleurs, des erreurs et des préjugés de la foule, lorsque ceux-là mêmes qui prétendent l'instruire semblent prendre à tâche de la tromper; lorsque dans le plus populaire (hélas!) des livres de médecine, dans le *Manuel-Annuaire de la santé* de F. V. Raspail, on lit des phrases telles que celles-ci :

« Après ce genre de vers (les ascarides. — Raspail comprend dans ce genre les ascarides lombricoïdes et les oxyures), le plus fécond en ravages de toute sorte chez l'homme, c'est le tænia ou ver solitaire (page 367)... Je ne sache pas de maladie du cadre nosologique dont sa présence ne puisse simuler les caractères, depuis la faimvalle jusqu'à l'épilepsie et au tétanos, selon que la tête du ver s'engage dans *les muqueuses digestives* ou DANS QUELQUE CENTRE NERVEUX... Quand le ver *glisse sa tête effilée dans le voisinage de la glotte,* qu'il chatouille jusqu'à provoquer la toux, il y détermine la formation de mucosités globulées, etc... (page 370).

« *N. B.* (C'est toujours M. Raspail qui parle.) Les petits enfants qui jouent avec les chiens et les chats *malpropres* sont sujets à attraper le *tænia* de ces animaux (lequel?...), par le moyen des articulations en forme de graines de cucurbitacées que ces animaux rendent,... etc. » — Ceci suppose d'abord que les enfants avalent les cucurbitains, — ce qui, j'aime à le croire, n'arrive pas souvent; car les enfants même les plus malpropres ne mangent pas des excréments de chien ou de chat. Ce qui peut arriver sans doute, c'est que des enfants se traînant à terre, puis portant les mains à la bouche, selon leur déplorable habitude, avalent des œufs de tænia expulsés par des chiens ou des chats; mais en ce cas, ce n'est pas le tænia lui-même qu'ils contracteraient : ce serait son scolex, un échinocoque probablement. Mais qu'on me permette une dernière citation : celle-ci, bien que relative à la trichine, touche en un point, comme on va le voir, au sujet de ce chapitre. Disons d'abord que, selon Raspail, la trichinose n'est qu'une *gasconnade;* ce qui ne l'empêche pas d'accuser de plagiat à son égard l'auteur ou les auteurs de cette mystification.

« Le mot de *trichinose,* écrit-il (page 368), était emprunté à notre nomenclature; ici le fait était puisé dans notre *Histoire naturelle de la santé* (3ᵉ édit. 1860, tome II, page 454); seulement le plagiaire patronné par l'*œuvre* (quelle *œuvre?...*) avait sans doute pris les petits filets nerveux ou musculaires pour ce qu'Owen a nommé *trichine,* et QUI N'EST AUTRE QUE L'INCUBATION DE L'ŒUF DE L'ASCARIDE LOMBRICOÏDE. Car le lombric est remplacé chez le porc par l'*échynorynque* [1]; et la *prétendue trichinose* N'EST AUTRE, CHEZ CET ANIMAL, QUE LA LADRERIE (pour *larderie,*

---

[1] L'échinorynque du cochon (*echinorynchus gigas,* ordre des acanthocéphales) n'a rien de commun avec l'ascaride lombricoïde, et il en diffère notablement, même à un examen superficiel. Ce n'est que sous réserve et provisoirement qu'on le place encore dans la classe des nématoïdes.

maladie du lard), *que l'on guérit avec les lotions à l'aloès, au goudron, au tabac, et avec les aliments vermifuges; ce qui fait qu'aujourd'hui cette maladie est infiniment rare.* » (!!!)

Ainsi, selon Raspail, ce qu'on a sottement pris pour

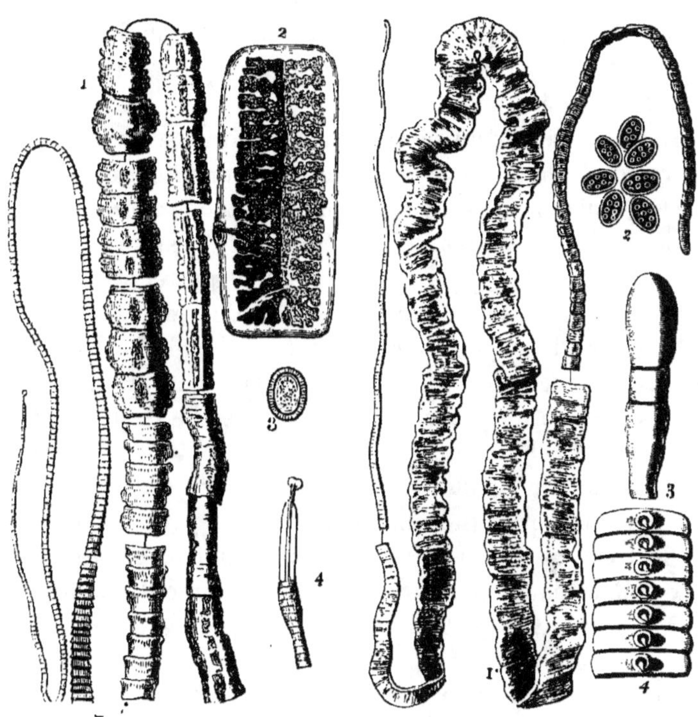

1. Tænia de l'homme, réduit.
2. Proglottis.
3. Œuf de tænia.
4. Extrémité céphalique, gr. nat.

1. Bothriocéphale large, réduit.
2. Œufs grossis.
3. Tête grossie.
4. Fragment grossi.

des trichines enkystées n'était que des cysticerques ! Mais savait-il seulement ce que c'est qu'un cysticerque? Il ne paraît pas s'en douter, et les métamorphoses et les migrations du tænia n'étaient sans doute aussi à ses yeux qu'une « gasconnade » ! Ce qui n'en est pas une, c'est la guérison de la ladrerie par les lotions à l'aloès et d'autres drogues qui ont fait à peu près disparaître cette maladie !

Voilà une bonne nouvelle ! Que d'actions de grâces les éleveurs, les charcutiers et le public tout entier ne doivent-ils pas rendre à Raspail et à sa médication vermifuge ! — Seulement quelques curieux indiscrets demanderont peut-être à voir un simple cochon qui ait été guéri par cette médication. J'avoue que, quant à moi, je contemplerais cet animal, pourvu qu'il fût authentique, avec le plus vif intérêt.

Revenons au tænia, et hâtons-nous de rassurer nos lecteurs sur les méfaits atroces qu'on lui impute. Certes, je n'essayerai pas de leur persuader que nous ayons en lui un ami, un hôte agréable et bienfaisant. C'est un ennemi, mais un ennemi plus gênant et répugnant que redoutable. Il suffirait de rappeler ce que disent les docteurs Aubert et Bilharz de l'insouciance parfaite avec laquelle les Abyssiniens hébergent le tænia, en se bornant à prendre de temps à autre une dose de kousso, lorsqu'il devient trop incommode. Les médecins en général sont si bien convaincus de l'innocuité de ce ver et si sûrs de l'efficacité des agents dont la thérapeutique dispose pour le chasser ou le tuer, que plusieurs n'ont pas craint de se prendre eux-mêmes pour sujets des expériences qui ont établi péremptoirement la métamorphose du *cysticercus cellulosæ* en *tænia solium*.

Nous savons que le ver solitaire n'a point de bouche ; que son rostellum, armé de crochets extrêmement petits, et ses ventouses, qualifiées à tort de *suçoirs* par certains auteurs, lui servent uniquement à se fixer à la muqueuse intestinale. Il ne peut donc entamer gravement la paroi des viscères, encore moins sucer le sang, et il ne se nourrit, selon toute apparence, qu'en s'assimilant, par voie d'absorption cutanée, une faible partie du chyle élaboré par son hôte. Quant à ses mouvements, il est probable qu'ils sont très lents et très restreints, et qu'une fois attaché sur un point de la muqueuse, il y demeure assez paisible. Ce n'est, au demeurant, qu'un corps étranger qui finit par devenir incommode en s'allongeant outre mesure, et dont le plus grave inconvénient est, selon le mot bien connu du paysan auvergnat, de *tenir de la place.*

Le fait est que beaucoup de gens hébergent le tænia pendant plusieurs années, — quelquefois pendant toute leur vie, sans s'en apercevoir. La même observation s'applique aux animaux, notamment aux chiens, qui presque tous ont des tænias et ne s'en portent pas plus mal pour cela.

Ainsi l'homme nourrit accidentellement le *cysticercus cellulosæ,* et très fréquemment le *tænia solium,* qui est presque cosmopolite. Il héberge encore trois petites espèces de tænias à crochets, et une de tænias sans crochets, plus un autre grand cestoïde propre à certaines contrées. Les trois tænias à crochets sont : le tænia nain *(tænia nana),* le *tænia serrata* et le *tænia echinococcus.* Le tænia inerme est le *tænia mediocanellata;* l'autre cestoïde est le bothriocéphale large.

Les bothriocéphales diffèrent des tænias, avec lesquels on les a longtemps confondus, par la forme et la structure de leur tête, qui est allongée, tétragone ou tronquée, dépourvue de rostellum et de ventouses proprement dites, mais qui présente sur les côtés deux fossettes étroites et allongées, ou quatre oreillettes, ou quatre fossettes armées de crochets. Ils se distinguent encore des autres cestoïdes par diverses particularités de leur organisation, mais surtout par leur mode de développement. On ne les connaît guère qu'à l'état parfait; la plupart habitent l'intestin des poissons; quelques-uns seulement celui des mammifères. L'espèce la plus connue et la plus intéressante est le bothriocéphale de l'homme, ou bothriocéphale large *(both. latus),* appelé autrefois *tænia large.* Cette épithète spécifique lui vient de ce que les articles dont il est composé sont toujours plus larges que longs. Sa longueur est, du reste, énorme ; il mesure quelquefois jusqu'à 20 mètres, et M. Eschricht en a vu un qui était formé de dix mille segments. Le bothriocéphale est de couleur jaunâtre, avec une ligne médiane brune quand les œufs contenus dans les proglottis sont assez développés. Sa tête est longue de 2 millimètres environ, creusée de deux sillons latéraux, et tout à fait inerme ; ce qui l'empêche de s'attacher fortement à la paroi intestinale, et la rend facile à expulser. Ce cestoïde est très commun en Suisse, en Pologne et en Russie. On l'a observé aussi, mais rarement, dans le midi de la France. D'après M. de Siebold, on ne trouve à Dantzig que le *tænia solium,* tandis que, de l'autre côté de la Vistule, à Kœnigsberg, le bothriocéphale existe seul. M. Küchenmeister dit que ce dernier ver existe à Hambourg, mais seulement chez les Juifs. A Berlin, les résidents russes et leurs domestiques, Russes ou Allemands, en sont aussi infestés. Enfin les Indiens, dans quelques parties de l'Amérique septentrionale, y sont, dit-on, très sujets.

C'est au docteur Knoch que l'on doit de posséder, sur le mode de développement et de propagation du bothriocéphale, des notions exactes.

M. Knoch a établi, en effet, que « l'embryon du bothriocéphale large ne subit pas de métamorphose particulière à la manière de l'embryon des tænias chez l'homme, c'est-à-dire qu'il ne passe pas par l'état de cysticerque avant de se convertir en ver rubané adulte[1] ».

---

[1] *Comptes rendus de l'Académie des sciences,* t. LXVIII. Note lue par M. Ch. Robin, le 2 janvier 1869.

LIVRE II

LES ACARIDES

I

Les acarides, — on dit aussi **acariens**, ou simplement
acares, — sont des animaux articulés, qu'une étude
approfondie de leur organisation a fait écarter de la
classe des insectes, où on les rangeait autrefois, pour les
placer dans celle des arachnides. Il faut les examiner avec
le microscope, ou tout au moins avec une forte loupe,
pour apprécier toute la laideur dont la nature les a gra-
tifiés. Alors, par l'effet du grossissement, ils apparaissent
comme de véritables monstres, et l'horreur qu'ils inspirent s'accroît lorsqu'on est instruit de leur genre de vie
toujours épisite ou parasite ; lorsqu'on sait que non seulement nos aliments les plus habituels, la farine, le fromage, les confitures, mais notre peau même et celle de
nos animaux familiers servent à la fois de demeure et de
pâture à ces affreuses petites bêtes ; lorsqu'on songe enfin
que leurs espèces se comptent par centaines, et que leur

fécondité ne le cède pas à celle des vers et des insectes les plus prolifiques.

Les acarides ont généralement le corps arrondi, tantôt globuleux, tantôt aplati, rarement allongé, sans que le céphalothorax se distingue nettement de l'abdomen. Ils respirent par des trachées dont les orifices ou stigmates s'ouvrent sous le ventre. Leur bouche, conformée le plus souvent pour la succion, est munie de deux paires d'appendices dont la disposition varie notablement selon les familles et les genres. Ce sont des animaux à métamorphose. Ils naissent n'ayant que trois paires de pattes, mais ils en ont quatre à l'état adulte; ce qui a quelquefois induit en erreur les naturalistes, en leur faisant regarder comme appartenant à des espèces ou même à des genres différents la larve et l'animal adulte d'une seule et même espèce.

Le type le plus connu de cet ordre haïssable est l'acare — ou *ciron,* ou *mite* — du fromage (genre tyroglyphe, Latreille). Il y a aussi une mite ou un ciron de la farine (*tyroglyphus farinæ*). Il en est qui ont une prédilection marquée pour les aliments à saveur douce, et qu'on a nommés, pour cette raison, *glycyphages* (du grec *glucus,* doux, et *phago,* je mange).

D'autres tyroglyphes dévorent, dans les officines des pharmaciens, les cantharides destinées à la confection des vésicatoires. D'autres préfèrent les pièces anatomiques ou les animaux empaillés, et sont le fléau des cabinets d'histoire naturelle. Tous ces acares ont le corps dur, hérissé de longs poils raides, ainsi que les pattes, qui sont conformées pour la marche. Entre la deuxième et la troisième paire, on voit une sorte d'étranglement qui semble partager le corps en thorax et en abdomen. Il n'y a pas plus d'un demi-siècle qu'on croyait encore les tyroglyphes domestiques (cirons ou mites du fromage) très capables de vivre sur l'homme, d'y multiplier, de se communiquer d'un individu à l'autre ; qu'on les regardait, en un mot, comme les vrais auteurs de la maladie appelée... gale, — sauf le respect que je vous dois. Opinion fort ancienne et erronée, — bien qu'au demeurant il n'y ait pas loin du ciron au sarcopte, — mais beaucoup moins erronée que celle qui consistait à nier que la gale fût causée par un animalcule. L'histoire des doctrines relatives à cette vilaine maladie est fort curieuse. Moquin-Tandon en a donné, dans ses *Éléments de zoologie médicale,* un précis assez complet et très intéressant. On assure, dit-il, que les Chinois connaissaient depuis quatre mille ans l'animalcule de la gale. Ils désignaient cette affection sous le nom de *tchong-kiai,* qui signifie littéralement : *pustules formées par un ver.* Au xɪɪᵉ siècle, le médecin arabe Abenzoar disait avoir observé dans la gale un petit animal qu'il appelait *soab,* « si petit, qu'on peut à peine le voir, qui laboure le corps à l'extérieur, et qui, caché dans la peau, s'en échappe lorsque celle-ci s'écorche en quelque endroit. » Aux xvᵉ et xvɪᵉ siècles, l'existence du ciron ou *syron* de la gale était assez généralement admise, comme on peut s'en convaincre par les écrits de Scaliger, d'Aldrovande, de Mouffet, de Joubert, d'Ambroise Paré, et aussi de Rabelais. Joubert, élève de Rondelet et professeur à Montpellier, enseignait, en 1580, que le *syro* est la plus petite espèce de son genre, et qu'il vit sous l'épiderme, *où il creuse des galeries à la manière de celles que les taupes font dans la terre.* « Les cirons, dit Ambroise Paré, sont de petits animaulx tousiours cachés soubs le cuir, soubs lequel il se traisnent, rampent et le rongent petit à petit, excitant une fascheuse desmangeaison et grattelle. » Enfin Rabelais dit qu'un des ancêtres de son Pantagruel « feut très expert en masnière d'oster les cirons des mains » ; et il fait dire quelque part à Panurge : « D'ond me vient ce ciron icy, entre ces deux doigts ? »

Cependant l'existence du ciron de la gale était niée encore au commencement du xvii° siècle par beaucoup de médecins, qui n'avaient jamais pu réussir à voir ces imperceptibles animaux, et surtout par les galénistes, qui appliquaient à la gale, ainsi qu'à toutes les maladies, leurs doctrines fantastiques de l'acrimonie des humeurs, de la chaleur de la bile, etc., et qui employaient pour la combattre toutes sortes de remèdes, excepté ceux qui auraient pu la guérir.

L'incrédulité de certains médecins à l'endroit du ciron de la gale devait persister encore presque jusqu'à nos jours, bien que des figures assez exactes de cet acaride eussent été données à plusieurs reprises : en 1657 par Hauptman, en 1682 dans les *Acta eruditorum*, en 1726 par un médecin anglais anonyme, et par de Geer en 1778; et bien que dès l'époque de Linné on fût parfaitement bien renseigné sur ses habitudes, comme le prouve ce passage de la thèse soutenue par Nyander en présence du célèbre naturaliste suédois : *Acarus sub ipsa pustula minime quærendus est; sed longius recessit; sequendo rugam cuticulæ observatur; in ipsa pustula progeniem deposuit,* etc.

En 1812, un interne de l'hôpital Saint-Louis, M. Galès (de Belbèze), prit aussi pour sujet de sa thèse la gale (on sait que l'hôpital Saint-Louis est spécial pour les maladies de la peau). M. Galès assurait avoir observé plus de trois cents spécimens d'un acare qui avait, disait-il, tantôt six pattes, tantôt huit, et dont il donnait la figure. Cette thèse fit sensation; pendant plusieurs années même elle fit autorité, et la figure publiée par Galès avait été reproduite dans divers ouvrages sous le nom d'acare ou ciron de la gale, lorsqu'on s'aperçut un beau jour qu'elle n'était autre que celle de la mite du fromage! Sur quoi le monde savant s'émut de nouveau, et la discussion recommença. C'était Raspail qui avait reconnu le premier l'erreur de Galès, et l'avait signalée comme « le plus joli tour d'étudiant qu'on puisse imaginer ». Mais ce qui paraîtra plus original encore, c'est que ce même Raspail, qui devait bientôt voir partout des petites bêtes, n'hésita pas alors à nier qu'il y en eût dans la gale. Un de ses adversaires, M. Vallot, de Dijon, soutint, au contraire, qu'il n'y avait de la part de Galès ni erreur ni mystification; que le ciron de la gale n'est autre que le *tyroglyphus domesticus,* qui vit sur les gens malpropres comme sur le fromage. Mais l'opinion de Raspail rallia alors d'autant plus de partisans, qu'en relisant la thèse de M. Galès on y découvrit d'autres erreurs assez graves, qui d'abord avaient passé inaperçues. « En 1821, dit Moquin-Tandon, Monronval publia une dissertation pour établir que la cause de la gale n'est ni un ciron ni un virus. L'auteur avait fait des recherches sur plus de dix-huit cents galeux. Enfin le docteur Lugol

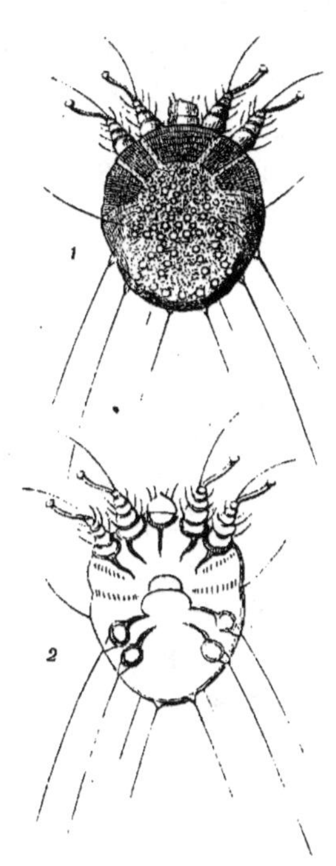

1. Sarcopte de la gale humaine très grossi, vu en dessus.
2. Le même, vu en dessous.

offrit trois cents francs, comme défi, à celui qui montrerait l'animalcule de la gale.

« Cependant, en 1834, François Renucci, étudiant en médecine, assistant à la clinique du docteur Alibert, proposa d'extraire et de faire voir, séance tenante, l'animalcule objet de tant de controverses. L'expérience eut un succès complet, et une partie des étudiants présents réussirent à isoler eux-mêmes plusieurs animalcules. Il fut constaté que les anciens avaient raison, qu'il y a réellement un parasite spécial producteur de la gale, et l'opinion des médecins et des zoologistes fut enfin tout à fait fixée à cet égard. »

On a lieu de s'étonner que l'existence du sarcopte de la gale ait été si longtemps contestée, et qu'au moins la preuve si simple et si irréfragable faite par Renucci ne l'ait pas été dès l'origine de la discussion soulevée par la thèse de Galès. Car le sarcopte n'est pas si petit qu'on ne le voie assez distinctement à l'œil nu. Vu au microscope, c'est bien la plus hideuse créature qu'on puisse rêver. Le lecteur peut contempler ici le portrait ressemblant qui montre le mâle, sous ses deux faces supérieure et inférieure, à l'état parfait, c'est-à-dire avec ses huit pattes. La femelle est au moins aussi laide. Cette image fidèle me dispense de décrire la physionomie et les organes du sarcopte. Je dirai seulement quelques mots de sa tête, ou mieux de son rostre, qui en est la partie la plus importante. C'est avec son rostre, en effet, que l'animal incise et dissèque la peau de son hôte pour s'y frayer un passage et s'y installer commodément; c'est aussi avec le même organe qu'il absorbe, pour s'en nourrir, le liquide purulent dont sa présence provoque la sécrétion. Le rostre donc est armé : d'abord de deux fortes mandibules, dont la structure est à peu près celle des pinces de l'écrevisse; puis de deux mâchoires arquées de dehors en dedans, et articulées sur un menton carré; puis de deux palpes, également arqués et pointus, qui sont composés de trois articles inégaux et hérissés de longs poils. L'ensemble du rostre est entouré à sa base d'un rebord qui s'avance sur les côtés des palpes, de manière à former des appendices membraneux qu'on a pris d'abord tantôt pour de faux palpes, tantôt pour des lèvres.

Les sarcoptes se logent toujours entre le derme et

l'épiderme, principalement aux endroits où la peau est
le moins épaisse : entre les doigts, aux plis des membres, quelquefois sur la poitrine. Ils y creusent des sillons ou galeries au fond desquelles il faut aller les chercher. Les vésicules purulentes se forment là où les
femelles ont déposé leurs œufs. Le sarcopte ne *travaille*
que la nuit. Placé sur la peau, il l'explore activement,
en quête d'un endroit qui lui convienne, et lorsqu'il l'a
trouvé il se met aussitôt à l'œuvre. Un savant physiologiste, M. Bourguignon, voulant bien connaître les
mœurs de cet animal, prit un jour une femelle de sarcopte et la posa délicatement sur son avant-bras. Il la
vit soulever une petite pellicule qui se trouvait toute
détachée à la base de deux poils, pénétrer sous l'épiderme et s'y blottir. Il la croyait installée là définitivement, mais point ; la nuit venue, la bête quitta ce logement provisoire, et s'en alla chercher un autre domicile.
Voici comment le sarcopte procède à son installation.
Lorsqu'il a trouvé un endroit à sa convenance, il sou-
lève à l'aide de ses pattes de derrière et de ses longues
soies la partie postérieure de son corps, et plonge son
rostre sous l'épiderme, dont il a détaché et soulevé un
petit lambeau. Cette première opération dure un quart
d'heure ; après quoi l'animal se retire, et incise de nouveau l'épiderme de chaque côté de la plaie déjà faite,
qui, ainsi agrandie, peut lui livrer passage. Il s'enfonce
alors dans la peau et se met à creuser horizontalement,
en manœuvrant de droite et de gauche, de bas en haut
et de haut en bas, avec tous les outils dont la nature l'a
libéralement pourvu. Les sillons qu'il pratique ainsi peuvent avoir de 2 à 5 millimètres de long sur $\frac{1}{2}$ millimètre
de large, et sont ordinairement sinueux. Il n'y a jamais
de communication d'un sillon à l'autre ; mais on aperçoit,
aux entre-croisements de chaque sillon avec les linéoles
épidermiques, des ouvertures donnant accès à l'air exté-

rieur, et qui marquent les stations ou les repos du fouisseur. C'est par là que sortent les petits.

Les vésicules ou pustules se trouvent aussi sur le trajet du sillon, mais au-dessous, dans l'épaisseur même de la peau. C'est là que les œufs ont été déposés et qu'ils subissent leur incubation, laquelle dure de quatre à cinq jours. Notons que les femelles seules creusent des sillons; il est vrai qu'elles sont beaucoup plus nombreuses que les mâles. Ceux-ci se contentent de creuser pour leur usage une petite cavité où ils se blottissent, et qui est toujours à proximité du logement de la femelle. On comprend que tout ce travail, s'étendant et se répétant sans cesse, à mesure que les sarcoptes se multiplient, occasionne les démangeaisons caractéristiques de la gale. Il y a lieu de croire, en outre, que le sarcopte inocule à son hôte un venin corrosif qui contribue encore à augmenter l'inflammation des tissus de la peau.

Nous sommes loin aujourd'hui du temps où l'on traitait les galeux par des apozèmes, des purgatifs et des saignées, sous prétexte de tempérer la chaleur de leur bile et de corriger la salure de leur pituite. Ces remèdes violents, qui exténuaient les malades sans incommoder le moins du monde leurs parasites, ont été remplacés avec tout avantage par les frictions au savon noir et à la pommade d'Helmerick[1], qui en quelques heures détruisent les acares et leurs œufs, et suppriment du même coup la cause et l'effet.

La plupart des animaux sont, ainsi que l'homme, sujets à la gale, et chaque espèce a son sarcopte, qu'elle peut néanmoins communiquer à d'autres espèces. Le chien a le sien; le chat a le sien; le mouton a le sien; le cheval a le sien, — il en a même deux; les singes en ont aussi, et l'on assure que le sarcopte du mandrill ressemble beau-

---

[1] Cette pommade est composée d'axonge (graisse de porc), de carbonate de potasse et de fleur de soufre.

coup à celui de l'homme. Enfin les oiseaux n'en sont pas exempts. L'un des sarcoptes, — ou plutôt le psoropte du cheval (car c'est un tyroglyphe et non un sarcopte vrai), — est remarquable par sa résistance vitale.

II

Ixodes. — Le garapatte. — Autres ixodes. — Tiques ou faux ricins. — Le rouget. — Les trombidions. — L'argas chinche et l'argas de Perse. — Les *acarus*. — Les dermanysses.

Les acarides épisites dont il vient d'être parlé sont exclusivement *cuticoles :* ils vivent dans le tissu cutané de l'homme ou des animaux vivants, et non ailleurs. Retirés de là, ils périssent s'ils ne parviennent à y rentrer ; ils périssent encore, eux et leur progéniture, si leur hôte vient à mourir. Ceux dont il nous reste à entretenir le lecteur se fixent à la peau des mammifères ou des oiseaux toutes les fois qu'ils en trouvent l'occasion, et c'est là surtout que leurs femelles aiment à déposer leurs œufs ; mais ils vivent bien, et probablement même peuvent se multiplier dans de tout autres conditions. Plusieurs se contentent d'attaquer la surface de la peau, à la façon de certains insectes dont il sera question bientôt, sans pénétrer dans son épaisseur même comme le font les sarcoptes, les psoroptes, les acaropses et les démodex. Moquin-Tandon a donc pu distinguer avec assez de justesse, en se plaçant au point de vue pathologique, ses *épizoaires* en deux catégories : épizoaires vivant *dans* la peau, et épizoaires vivant *sur* la peau, et rattacher à ce dernier groupe les insectes incommodes et répugnants auxquels je viens de faire allusion.

Tenons-nous-en, pour le moment, aux épizoaires ou

épisites *externes libres* appartenant à l'ordre des acarides.
Les zoologistes les ont répartis dans plusieurs familles. La
première qui se présente à nous est celle des ixodes, beaucoup plus connus sous le nom de *tiques,* — qu'il ne faut pas
confondre avec les *chiques. Ixode* signifie gluant, tenace.

Les ixodes sont de véritables bêtes de proie, et leurs
allures ne peuvent être mieux comparées qu'à celles des
tigres et des autres félins sauvages. Comme ceux-ci, en
effet, ils se tiennent sans cesse en embuscade dans les herbes
et dans les broussailles. Suspendus aux brindilles, aux
feuilles ou aux menues branches par leurs pattes posté-
rieures, et tenant les autres étendues, ils s'élancent rapidement sur les mammifères qui passent à leur portée, et
ils s'attachent à leur peau avec une énergie qui ne jus-
tifie que trop le nom qu'ils ont reçu des naturalistes. Il
en est, d'ailleurs, de cette famille d'animaux malfaisants
comme de toutes les autres : les espèces propres aux pays
chauds sont plus redoutables que celles des pays tempérés. Le voyageur qui parcourt les forêts vierges du Brésil, par exemple, n'a pas seulement à craindre la rencontre
des jaguars, des pumas, des boas constricteurs, des serpents venimeux : ces ennemis sont toujours plus disposés
à le fuir qu'à l'attaquer ; et puis on les voit, on les entend
à distance ; on a le temps de les éviter ou de se préparer
à la défense. Mais que faire contre un agresseur comme
le garapatte, un petit vampire de cinq millimètres de
long, qui fourmille sur les buissons dès le commencement de la saison chaude ! Un corps ovoïde déprimé, ru-
gueux, de couleur brune ; huit pattes à peu près égales ;
un appareil buccal admirablement conformé pour la perforation et la succion : tel est le signalement de cette
arachnide. Malheur aux imprudents qui s'aventurent dans
ses domaines ! Ils sont bientôt envahis par des douzaines
de garapattes qui leur plongent le rostre dans la peau,
s'y cramponnent si bien qu'on les déchire plutôt que de

leur faire lâcher prise, et ne se détachent volontairement qu'après s'être gorgés de sang. Les morsures du garapatte causent une douleur cuisante, tellement insupportable que la victime en est comme affolée. Dassier cite une dame créole qui, au retour d'une promenade sous bois,

se jeta tout habillée dans l'eau pour apaiser l'ardeur qui la dévorait, et un chasseur qui plusieurs fois avait été forcé de se lever la nuit et d'aller se plonger dans l'eau. C'est le supplice d'Hercule brûlé par la robe de Déjanire.

Quelques naturalistes et voyageurs ont décrit et même dessiné, comme des

Garapatte grossi.

espèces distinctes du garapatte, l'ixode de l'homme (*ixodes hominis*, Koch), l'*ixodes nigua* et l'ixode américain (*acarus americanus*, Linné), tous trois appartenant également aux contrées chaudes du nouveau monde. Les deux derniers attaquent de préférence les bestiaux et les chevaux, et quelquefois en si grand nombre et avec tant de fureur, qu'on a vu, dit-on, de ces pauvres animaux périr d'épuisement ou de fièvre sous les morsures de leurs sanguinaires parasites.

Les ixodes de nos climats (*tiques* ou *faux ricins*) habitent aussi les bois, où les chasseurs et leurs chiens sont très exposés à leurs atteintes. La tique du chien (*tique louvette* des veneurs, *ixodes ricinus* de Latreille) était connue d'Aristote. Elle est d'un rouge foncé. L'autre espèce d'Europe, la tique réticulée, est cendrée avec de petites taches et des lignes annulaires d'un brun rougeâtre. Celle-ci s'attache souvent aux bœufs, aux moutons et à d'autres mammifères domestiques.

Nous possédons encore en France **un** petit acare presque microscopique très voisin des tiques, mais beaucoup plus abondant, au moins à une certaine époque de l'année. On le désigne vulgairement sous les noms de *rouget* à cause de sa couleur, et d'*aoûtat*, parce qu'il se multiplie surtout au mois d'août. Il n'est guère possible alors de marcher ou de s'asseoir dans l'herbe sans que quelques-uns de ces épizoaires s'introduisent dans votre peau, où leur présence se décèle bientôt par des démangeaisons intolérables, et par le développement de petites tumeurs rouges ou violacées. Il faut être doué d'une force de volonté extraordinaire pour ne pas se gratter jusqu'au sang, ce qui est quelquefois un moyen d'enlever l'animal, mais qui quelquefois aussi augmente l'inflammation et produit des plaies lentes à se guérir. Le mieux est de se laver avec du vinaigre ou avec de l'eau ammoniacale. Les rougets affectionnent de préférence le tour de la cheville, les plis de la jambe et du bras, la ceinture ; mais ils envahissent quelquefois presque tout le corps. On a cru longtemps qu'il existait deux espèces de ces arachnides : le trombidion velouté (*trombidium holosericum*), et le lepte automnal (*leptus autumnalis*) ; mais on sait aujourd'hui que l'un et l'autre ne sont qu'un seul et même animal dans les deux phases distinctes de son existence : d'abord à l'état hexapode ; ensuite à l'état parfait, avec ses quatre paires de pattes. Il existe, dans l'Inde et dans l'Afrique tropicale, une espèce vraiment différente de la nôtre, le *trombidium tinctorium*, qu'on utilise pour la teinture, comme la cochenille.

Les *argas* (famille des gamasidés) diffèrent des ixodes par la disposition de leur bouche, qui se trouve sur la face inférieure du céphalothorax. Cette partie se confond avec l'abdomen, et le corps est orbiculaire, aplati, couvert de petites aspérités verruqueuses. Les argas sont à peu près de la taille de nos punaises, auxquelles ils ressemblent par leur couleur, par leur aspect et par leurs mœurs. Mais ils sont encore plus avides de sang et beaucoup plus tenaces que ces insectes. Une fois sur le corps de l'homme, ils s'y fixent à la manière des tiques.

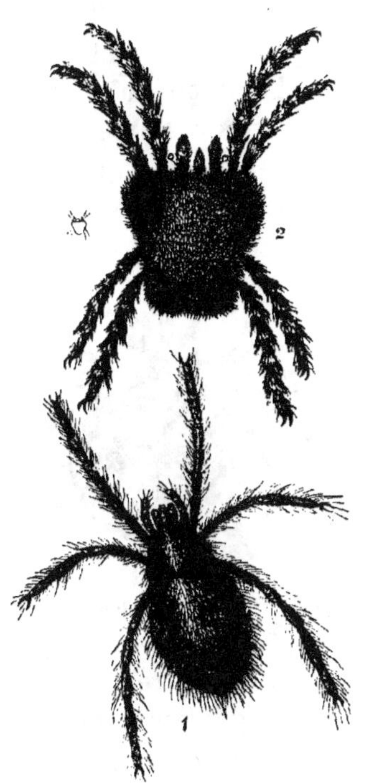

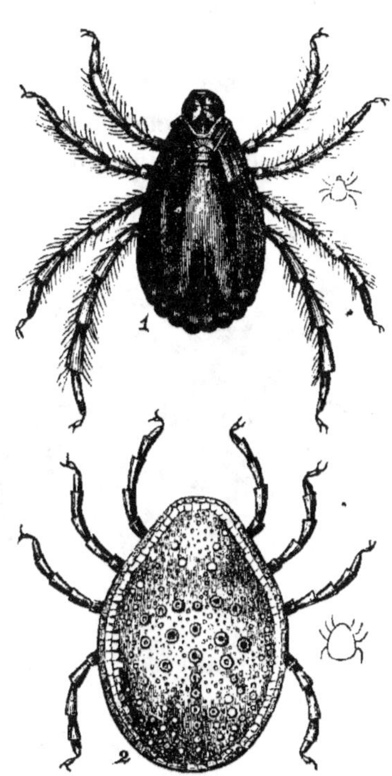

1. Lepte rouget, *Leptus autumnalis*, très grossi.
2. Trombidion soyeux, très grossi.

1. Ixode de Linné, très grossi.
2. Argas de Perse, très grossi.

Les deux espèces d'argas les plus intéressantes sont l'argas *chinche* et l'argas de Perse. Le premier a été observé par M. J. Goudot en Colombie, où il tourmente beaucoup l'espèce humaine. Le second, comme son nom l'indique, est propre à la Perse; il est surtout très commun à Miana, ville de ce royaume; et aussi l'appelle-t-on *punaise de Miana*. On assure qu'il attaque les étrangers de préférence aux

gens du pays. On a prétendu que sa piqûre était non seulement très douloureuse, mais venimeuse, au point de déterminer la consomption et la mort. Cette assertion toutefois paraît au moins douteuse, et MM. P. Gervais et Van
Beneden pensent qu'une analyse rationnelle des faits rap-
portés jusqu'ici, ou de ceux qu'on pourra recueillir par
la suite, modifiera singulièrement l'opinion qu'on s'est
faite sur la prétendue vénénosité de ces arachnides.

Les oiseaux, ainsi que les chauves-souris et quelques

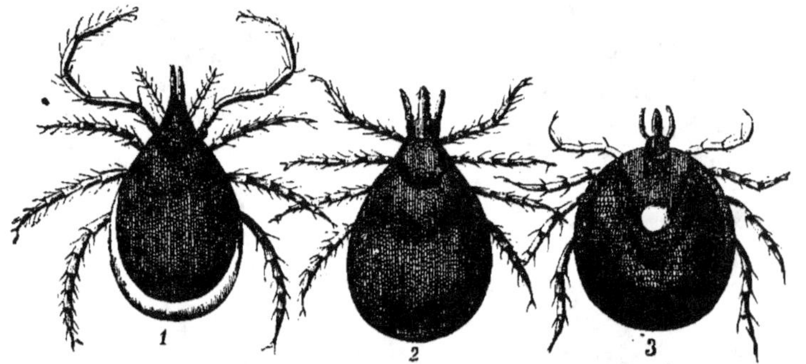

1. Acarus marginatus.   2. Ixodes ricinus.   3. Ixodes nigra.

autres mammifères, nourrissent de petits acares que les
zoologistes rattachent à la famille des gamases sous le
nom de dermanysses (*dermanyssus avium, hirundinis,
gallinæ,* etc.). Les personnes qui se trouvent en contact
avec les oiseaux, par exemple celles qui soignent les
basses-cours, ou qui donnent charitablement l'hospitalité
aux hirondelles, peuvent être envahies par ces épizoaires
et se trouver exposées à des accidents extrêmement graves.
Les auteurs les plus dignes de foi rapportent plusieurs
cas de ce genre. Bory de Saint-Vincent a raconté (*Annales
des sciences naturelles,* 1re série, t. XVIII) l'histoire d'une
dame d'une quarantaine d'années, qui vint un jour demander à un opticien une loupe pour examiner de petites
bêtes qui sortaient, disait-elle, du corps d'une de ses amies.

L'opticien, frappé de l'étrangeté du fait, pria la dame de lui procurer quelques-uns de ces animaux, et il les porta aussitôt à Bory. Il apprit aussi que l'*amie* de la dame n'était autre que cette dame elle-même, qui, par un sentiment de honte assez excusable, n'avait pas voulu d'abord confesser la vérité. La pauvre femme souffrit pendant quinze ans, essayant de tous les médecins et de tous

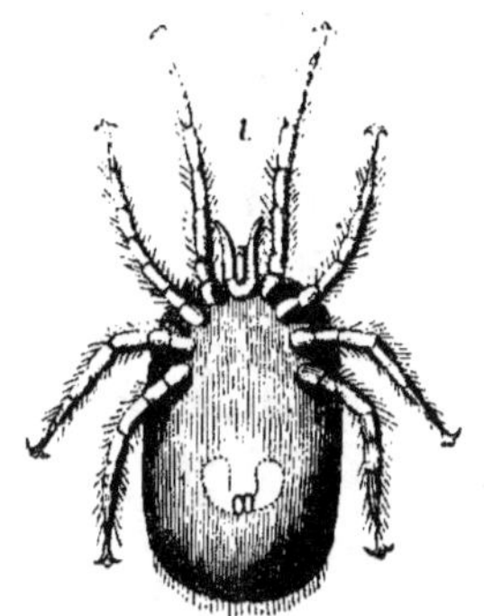

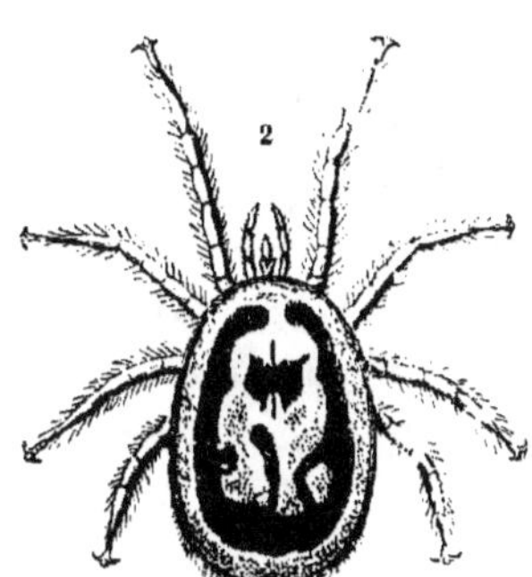

1. Dermanyssus avium.   2. Dermanyssus hirundinis.

les remèdes, sans réussir à se débarrasser de son affreuse maladie. Bref, elle en mourut. « A mesure qu'elle paraissait se rétablir, dit Bory, elle éprouvait de légères démangeaisons sur toutes les parties du corps. Ces démangeaisons, devenues de plus en plus fortes, avaient fini par être insupportables, et la malade avait-elle frotté ou gratté la partie souffrante pour y porter quelque soulagement, qu'il en sortait bientôt après de très petits animaux brunâtres, qui couraient par milliers et avec rapidité dans tous les sens. On a remarqué que ces animaux semblaient, après leur évasion, se plaire dans du linge de coton. La malade s'enveloppait conséquemment de toile[1], et, lorsqu'il faisait chaud, il lui fallait en changer

---

[1] Il me semble qu'elle aurait dû, au contraire, préférer le coton, pour attirer ses parasites au dehors et s'en débarrasser.

de trois à six fois par jour, tant le nombre des petites bêtes qui sortaient d'elle devenait considérable.

« Ces êtres singuliers ne cherchaient pas les autres personnes, et le mari de la malade, qui n'avait jamais abandonné le lit conjugal, prétendait que ceux qui parfois s'étaient égarés sur son corps y mouraient promptement. »

Les dermanysses dont il est question dans le récit qu'on vient de lire différaient-ils, oui ou non, de ceux qui vivent sur les animaux? On l'ignore. On n'a pas même déterminé exactement leur espèce, et l'on s'est contenté de leur imposer le nom de dermanysses de Bory.

Quelques auteurs ont voulu considérer l'invasion de l'homme par les dermanysses comme une maladie spéciale, qu'ils ont appelée *acariase,* par analogie avec la *phtiriase.*

LIVRE III

LES INSECTES

Je viens de nommer la *phtiriase*, qu'on appelle aussi *maladie pédiculaire*. *Phtheir* en grec, *pediculus* en latin, signifient pou. La phtiriase, ou maladie pédiculaire, est donc, d'après les auteurs anciens et d'après plusieurs auteurs modernes, un état morbide dont le symptôme le plus apparent consiste dans le développement incessant et rapide d'une multitude de poux, soit sur tout le corps, soit seulement sur une région circonscrite. Les docteurs s'accordent peu sur les caractères de cette affection, et même sur la réalité de son existence. Nous verrons bientôt quelles opinions diverses règnent à cet égard parmi eux. Mais avant de considérer ce point intéressant de pathologie, il nous faut faire connaissance avec la famille à laquelle appartient l'insecte qui a donné son nom grec et son nom latin à la maladie problématique dont il s'agit.

Cette famille (des pédiculidés) a été tour à tour placée dans l'ordre des *parasites* (Latreille) ou dans celui des *épizoïques* (P. Gervais), puis dans celui des insectes aptères, c'est-à-dire sans ailes. Mais on a reconnu depuis que les parasites, épizoïques ou épizoaires, ne pouvaient former, tout comme les entozoaires, qu'un groupe de convention, dont les membres, tout en ayant le même genre de vie, pouvaient présenter et présentaient, en effet, des différences essentielles dans leur organisation. Quant à l'ordre des aptères, il a paru, dans le principe, parfaitement naturel. Cependant, tout bien considéré, les zoologistes ont résolu de le supprimer, et les pédiculidés, avec quelques autres insectes sans ailes, ont été annexés à l'ordre des hémiptères. Le nom de ce dernier ordre, étant formé des deux mots grecs *hémisus,* demi, et *pteron,* aile, paraît devoir désigner les insectes qui n'ont que des moitiés d'ailes, et l'on est tenté de penser qu'après tout, les aptères ne sont pas là trop déplacés ; car entre n'avoir pas d'ailes du tout et n'en avoir que deux moitiés, la différence n'est pas grande. Ceux qui jugeraient ainsi sont des gens qui ne connaissent pas le grec des naturalistes, lequel n'est pas tout à fait le même que le grec des hellénistes. Il faut donc savoir que par hémiptères on entend, en langage entomologique, des insectes qui ont QUATRE AILES. Seulement, tandis que, chez un grand nombre, les ailes ont la même consistance dans toute leur étendue, chez d'autres « les ailes de la première paire sont en quelque sorte partagées en deux moitiés de consistance fort inégale : la portion basilaire est coriace, l'autre portion membraneuse ; *ce qui a inspiré,* dit M. Ém. Blanchard, *le nom d'hémiptères.* Cette explication doit vous satisfaire, lecteur, où vous êtes, en vérité, bien difficile.

Mais la raison, demanderez-vous, qui fait qu'on a rangé parmi les insectes ayant quatre ailes ceux qui n'en ont point.

— C'est, vous répliqueront les entomologistes, qu'ils devraient en avoir, leur organisation étant, du reste, la même que celle des hémiptères ailés. Ils ne subissent, en effet, que des métamorphoses incomplètes. De plus, et c'est là le trait distinctif des hémiptères, leurs appendices buccaux sont disposés de manière à former une sorte de bec qui fait fonction de suçoir; car ces insectes sont essentiellement suceurs.

— En ce cas, reprendrez-vous non sans quelque apparence de raison, il fallait les appeler « les suceurs » en grec, si l'on tient absolument à parler grec, ou bien leur conserver la dénomination de *rynchotes* (animaux à bec) que leur avait donnée Fabricius.

Mais à cette objection, que vous croiriez victorieuse, les entomologistes auront encore réponse. Ils vous diront que les insectes de tous les autres ordres ayant été caractérisés et dénommés d'après le nombre, la disposition et la structure de leurs ailes, on ne pouvait adopter tout exprès pour ceux-ci une exception qui eût dérangé l'harmonie de la nomenclature; qu'il a donc bien fallu trouver ou supposer des ailes à ceux qui n'en ont point, afin d'être autorisé à leur donner un nom qui finît en *ptère* [1].

Avec ces messieurs, vous n'aurez jamais le dernier mot. Revenons donc à nos poux. Les espèces en sont nombreuses. Il y en a au moins une pour chaque type un peu important de mammifères, y compris l'homme, qui en a quatre, et plus peut-être. Les oiseaux n'en ont point. Les petites bêtes qui grouillent sous leurs plumes, et que le vulgaire prend pour des poux, sont des acarides (dermanysses) ou des ricins vrais : insectes aptères comme les poux, mais formant dans le même ordre un sous-ordre distinct. Des quatre genres qui composent la famille

---

[1] Je dois dire que M. Ém. Blanchard a su s'affranchir de cette règle arbitraire, et qu'il a réuni les poux et les ricins vrais dans un ordre à part, celui des anoplures.

des pédiculidés, le plus nombreux, celui des *hæmatopinus*
(comme qui dirait *buveurs de sang*) comprend une trentaine
d'espèces, qui toutes vivent sur les animaux : il y en a
deux pour le chien, autant pour le cheval, deux ou trois
pour le buffle, une pour l'âne, etc. Le genre *pedicinus*
n'est représenté que par une seule espèce, qui diffère
peu des poux humains, et qui n'a été observée jusqu'ici
que sur les singes de l'ancien continent. Une seule espèce
aussi constitue le genre *phthirius*, et c'est l'homme qui la
nourrit. C'est à l'homme encore que s'attachent exclusivement les trois espèces connues du genre *pediculus*, savoir:
le pou de la tête (*pediculus capitis*), le pou du corps ou
des vêtements (*pediculus vestimenti*) et le pou des malades
(*pediculus tabescentium*). On ignore jusqu'à présent si les
poux des nègres d'Afrique, des Indiens d'Amérique, des
Malais, des Polynésiens, etc., sont les mêmes que ceux
des Européens.

Les poux humains sont tous à peu près de même taille :
de 1 à 2 millimètres de long. Le corps est étroit ; la tête
est munie de deux antennes ; la bouche consiste en une
gaine armée à son extrémité de crochets rétractiles, et
renfermant un tube corné composé de quatre soies ; le
thorax est petit ; l'abdomen relativement volumineux, et
formé de sept à neuf articles ou segments hérissés de soies.
Les pattes sont terminées par des pinces qui permettent
à l'animal de saisir les poils ou les cheveux, de s'y tenir
et de s'y mouvoir avec une extrême facilité. Les poux
sont donc des insectes essentiellement grimpeurs. Ils respirent par des trachées dont les orifices s'ouvrent sur les
côtés du corps. Ces hémiptères sont de couleur grise, ou
blanchâtre, ou jaunâtre, selon l'espèce, quelquefois avec
des taches noires au bord des segments. Leur fécondité et
surtout la rapidité de leur multiplication sont vraiment
effrayantes. La femelle ne se contente pas de déposer ses
œufs sur la peau : elle a soin de les attacher, soit isolé-

ment, soit par groupes, aux cheveux ou aux poils, au moyen d'une sorte de douille membraneuse très adhérente. Ces œufs, connus sous le nom de *lentes,* éclosent au bout de cinq ou six jours. L'insecte est apte à se reproduire à l'âge de dix-huit jours. « L'observation a démontré, dit Moquin-Tandon, qu'un pou donne une cinquantaine d'œufs

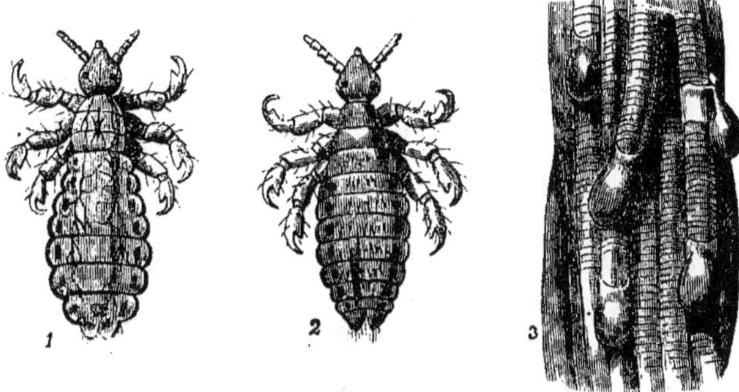

1. Pou de la tête. — 2. Pou du corps. — 3. Une mèche de cheveux avec lentes adhérentes.

en six jours, et qu'il lui en reste encore dans le corps. Suivant un calcul de Leeuwenhœck, deux poux femelles peuvent devenir grand'mères de 10,000 poux dans l'espace de huit semaines; d'autres ont calculé que la seconde génération d'un seul individu pouvait fournir 25,000 poux, et la troisième 125,000; mais la reproduction normale ne marche pas avec cette effrayante rapidité. »

Avez-vous jamais vu des poux, lecteur? — Je n'oserais adresser à mes lectrices une question aussi impertinente. — Non, n'est-ce pas? J'en étais bien sûr. Cependant, vous en auriez vu, vous en auriez même eu, que vous ne devriez pas rougir de l'avouer. Ce qui est honteux, ce n'est pas d'avoir des poux, cela peut arriver aux gens les plus estimables et les plus propres, — c'est de les garder. Et encore ! on ne s'en défait pas toujours comme on

veut. Demandez plutôt aux voyageurs qui ont visité l'Espagne, l'Italie, la Pologne, l'Égypte, et que l'insuffisance
des moyens de communication et l'absence d'hôtelleries
convenables ont forcés de séjourner dans des auberges de
bas étage ou dans des cabanes misérables, en compagnie
de plébéiens trop peu délicats sur le chapitre de la propreté ! En France même, surtout dans le Midi et dans
quelques départements de l'Ouest, il ne ferait pas bon
s'oublier dans une trop grande intimité avec les couches
infimes de la population. C'est d'ailleurs un préjugé très
généralement répandu parmi le peuple et dans la bour-
geoisie peu éclairée, que lorsque les enfants ont des poux,
il serait imprudent de les en débarrasser trop brusque-
ment. On croit ce parasitisme salutaire, au moins pour
quelque temps. Ces insectes pouvant ainsi se multiplier
en toute tranquillité sur la tête des enfants, il n'est guère
possible que quelques-uns n'émigrent pas sur celle du
père et de la mère, pour y fonder des colonies plus ou
moins prospères. Or il y a de braves gens qui se montrent
en pareil cas d'une tolérance, ou plutôt d'une indifférence
parfaite. La vermine ne les gêne point, et ils ne trouvent
pas que l'avantage de s'en délivrer vaille la peine qu'il
leur faudrait prendre pour cela. Ils préfèrent se gratter
jusqu'à ce que, l'habitude aidant, ils n'en éprouvent plus
le besoin. Les femmes sauvages de l'Australie, elles, ne
négligent pas de chercher les poux sur la tête de leurs
enfants ; — mais c'est pour les manger. Les singes ne
font pas autrement. Se chercher et se manger réciproquement leurs poux paraît être un de leurs délassements et
de leurs régals favoris. Eh bien, un auteur respectable,
M. de Martius, affirme que cette occupation n'a pas moins
de charmes pour beaucoup de femmes du Brésil, — non
pour des Indiennes, mais pour des créoles de sang européen ! Et il ne serait pas rare en ce pays de voir une
mère refuser de marier ses filles, pour n'être pas privée,

dans sa vieillesse, de l'aimable passe-temps de leur chercher les poux !

Le *pediculus vestimenti* est plus répugnant encore, s'il
est possible, que le *pediculus capitis*, parce qu'il ne vit
que sur les gens croupissant dans la saleté la plus hideuse.

Il est ordinairement facile de détruire les poux de la
tête. On peut employer les lotions de petite centaurée, de
staphisaigre ou de tabac; l'onguent mercuriel, la benzine,
ou simplement l'huile, qui, comme tous les corps gras,
en obstruant les stigmates des insectes, les fait périr par
asphyxie. Pour les poux du corps, les frictions et les lotions ne serviraient de rien si l'individu infesté conservait
ses vêtements, surtout les vêtements de laine. Il faut laver
le tout à la lessive et à l'eau bouillante, sauf ensuite à
jeter les vêtements hors de service.

J'arrive au *pediculus tabescentium* et à la phtiriase. Le
pou des malades diffère des deux précédents par sa couleur jaune pâle, son thorax plus grand, ses segments abdominaux plus étroits, ses antennes plus longues. C'est
donc une espèce distincte. Il paraît certain qu'il n'attaque
pas l'homme dans les mêmes conditions; que son apparition coïncide toujours avec un état morbide plus ou moins
grave, et qu'on a vu des malades envahis tout à coup par
ces insectes, sans qu'il fût possible de savoir d'où ils venaient. Ces circonstances, jointes à la multiplication prodigieuse des *pediculus tabescentium,* ont fait considérer
autrefois ces parasites comme s'engendrant spontanément; et cette opinion est encore très enracinée dans
beaucoup d'esprits. Le fait est que leur histoire est encore
un mystère. Les médecins d'aujourd'hui sont peu disposés
à voir dans la phtiriase une maladie idiopathique. C'est
plutôt, à leurs yeux, un symptôme, un *épiphénomène,*
un symptôme très irrégulier, et qui ne se rattache d'une
manière constante à aucune affection déterminée. La

phtiriase paraît cependant attaquer de préférence les vieillards; elle n'est pas rare chez les mourants, quel que soit d'ailleurs le mal auquel ils succombent. Je puis citer, comme étant à ma connaissance personnelle, le cas d'une dame de soixante et quelques années, morte d'une pneumonie, et qui, le jour de sa mort, fut envahie par les poux. Elle en·avait sur le corps, sur le cou et sur le visage, principalement autour des yeux. Plusieurs personnages célèbres de l'antiquité et du moyen âge sont morts, dit-on, dans un état de phtiriase épouvantable. On cite souvent le philosophe Phérécide, le dictateur Sylla, je ne sais quel Antiochus, Hérode-Agrippa, l'écrivain Valère-Maxime, l'empereur Arnoul de Carinthie, le cardinal Duprat, le roi d'Espagne Philippe II. La phtiriase paraît avoir été, de longue date, assez commune en Espagne et en Portugal; et le médecin Amatus Lusitanus, qui vivait au xvi° siècle, parle d'un riche seigneur sur lequel les poux se multipliaient en si grande quantité, que deux domestiques étaient incessamment occupés à les ramasser dans des corbeilles qu'ils allaient porter à la mer.

Moquin-Tandon cite, d'après Forestus, le cas d'une jeune fille, et d'après Borellus (ou Borelli?) celui d'un soldat, tous deux affligés de phtiriase. Il cite encore, d'après Bernard Valentin, l'histoire d'un homme de quarante ans « qui avait des démangeaisons insupportables par tout le corps, et des tubercules volumineux remplis d'un nombre prodigieux de poux ».

Des observations offrant beaucoup plus de garanties d'exactitude sont rapportées par des auteurs modernes très recommandables, tels que Bremser et les docteurs Jules Cloquet et Cazal (d'Agde). D'un autre côté, selon P. Gervais et Van Beneden, on n'aurait possédé, à l'époque où ils écrivaient leur *Zoologie médicale*, qu'une seule observation de phtiriase recueillie avec exactitude. Cette observation est relative à une femme de soixante-dix ans qui, chaque soir, au lit surtout, était prise d'une démangeaison insupportable. « Elle avait des poux au cou, au dos et à la poitrine. Ceux-ci disparaissaient quand la malade (était-elle bien malade, ou seulement très malpropre?) se refroidissait à ces endroits; mais il en reparaissait bientôt après. Ils ne se communiquèrent pas, et furent détruits par l'essence de térébenthine. »

On s'accorde assez généralement aujourd'hui à regarder comme controuvés les exemples de phtiriase mortelle dont j'ai parlé plus haut, et à croire que la plupart du temps cette singulière et repoussante affection ne fait qu'accompagner certaines maladies spéciales.

II

Les punaises. — Leur organisation et leurs mœurs. — Punaises de l'homme
et punaises des animaux. — L'acanthie de Kazan. —
Cosmopolitisme de la punaise. — Moyens de destruction. — Les réduves.

Du pou à la punaise il n'y a pas loin. Au point de vue entomologique, ces deux parasites sont de la même famille, et il faut dire tout de suite que la punaise (*cimex lectularius,* Linné; *acanthia lectularia*, Fabr.) est beaucoup mieux placée peut-être dans cette famille que tout autre insecte. Elle ne possède, en effet, que deux tronçons, deux rudiments d'élytres. Quelques auteurs, qui lui assignent l'Inde pour patrie, assurent que dans ce pays elle acquiert des demi-élytres et des ailes membraneuses; on prétend même que dans nos pays il se trouve parfois de ces punaises ailées; mais tout cela n'est pas bien prouvé. Au point de vue humain, la punaise prend place, de droit, à côté de son petit cousin, parmi nos épisites les plus incommodes et les plus dégoûtants. Elle a cependant quelques inconvénients de moins et quelques inconvénients de plus que lui. Elle est plus grosse, elle est plus sanguinaire et fait des morsures plus douloureuses; elle exhale, en outre, une odeur désagréable et caractéristique; enfin elle attaque le riche aussi bien que le pauvre, les gens les plus propres aussi bien que les plus sales. Quiconque dort dans son voisinage devient son tributaire. Mais du moins, si elle prend à l'homme son sang, elle ne s'empare pas de sa personne; elle le pique, elle ne l'habite pas. Son repas fini, elle s'en retourne chez elle. Car la punaise est une bête rangée, qui a des habitudes d'ordre et qui aime ses aises. Elle a un domicile qu'elle ne quitte que la nuit pour aller souper. Si le souper manque, elle reste au logis et se passe de manger. Une abstinence de plusieurs semaines, de plusieurs mois, ne compromet ni sa vie ni sa santé. On assure qu'elle peut rester jusqu'à deux ans sans prendre aucune nourriture. Elle est alors réduite à sa plus simple expression, et mérite bien sa qualification proverbiale. Ce n'est plus qu'une pellicule desséchée et transparente. On la croit morte. Mais vienne un peu de chaleur, et qu'une victime se trouve à sa portée : l'odeur de la chair humaine lui rendra des forces; elle saura bien arriver au but, plonger son suçoir dans la peau et réparer son long jeûne par un bon repas qui lui permettra de supporter de nouvelles privations. Ce n'est pas que son tube digestif soit très développé; il n'a, comme celui des grands carnassiers, que trois fois la longueur du corps; l'œsophage est court, très grêle, et se dilate insensiblement pour former un jabot peu prononcé; l'estomac est représenté par une autre dilatation que présente, à son origine, le ventricule chylifique; mais tout cela est si extensible, que le corps entier de l'animal se trouve, après un repas copieux, gonflé en tous sens au point de n'être plus reconnaissable. De foliacé, de diaphane et de jaunâtre qu'il était auparavant, il est devenu ovoïde, complètement opaque, et il a pris la teinte pourprée du liquide qui le remplit. La punaise repue cesse d'être plate. Il y a bien des courtisans dont on n'en peut pas dire autant. L'organisation de cet hémiptère est, on le voit déjà, assez compliquée. La punaise est pourvue de vaisseaux hépatiques dont chacun a son insertion propre; elle a même des glandes salivaires, situées de chaque côté de l'appareil buccal. Cet appareil consiste en un rostre formé de trois articles, à peu près d'égale longueur : les deux premiers cylindriques, le troisième conique. A l'état de repos, le rostre est replié en dessous et appliqué contre la face inférieure de la tète et du prothorax. Quand l'animal veut s'en servir, il le redresse et en fait sortir quatre soies raides et dentelées, qui représentent les mandibules et les mâchoires des autres insectes, et qui pénètrent dans la peau comme des dards acérés.

La punaise femelle pond des œufs oblongs, rétrécis à l'une de leurs extrémités. Ces œufs ne se brisent pas au moment de l'éclosion : ils sont fermés par un opercule qui s'ouvre pour livrer passage au jeune hémiptère. Il ne manque à celui-ci, pour être parfait, que les deux rudiments d'élytres dont j'ai parlé, et qui ne doivent jamais être pour lui d'aucun usage.

Les punaises se logent et pondent leurs œufs dans des endroits tellement situés, qu'elles aient le moins possible de chemin à faire pour aller chercher leur nourriture : dans les fentes et les joints du bois et du ciel de lit, dans les fronces des rideaux, dans la charpente du sommier, dans les coutures des matelas, dans les boiseries et dans le papier de tenture de la chambre à coucher, enfin dans les fentes mêmes du mur, si le mur est en mauvais état. On croit généralement qu'elles envahissent de préférence les vieilles maisons. C'est, je crois, une erreur. Lorsqu'une maison est vieille et que pendant plusieurs années les appartements y ont été mal tenus, c'est sans

doute une raison pour que les punaises aient pu s'y multiplier à l'aise, en occuper tous les recoins ; mais il est
certain que ces insectes, loin de redouter les maisons
neuves, commencent par y pénétrer en très grand
nombre dès que ces maisons sont habitées. Elles y sont
alors à l'état erratique. On en trouve partout, bien
qu'elles n'aient pas encore formé de colonies; ce qui rend
leur destruction très difficile. La défense n'en doit être
organisée et poursuivie qu'avec plus d'énergie. Malheur
aux habitants si leur vigilance sommeille, si leur activité
se ralentit : l'ennemi ne tardera pas à devenir maître de
la place. Il faut le pourchasser, le traquer sans relâche,
visiter chaque jour les bois de lits et la literie, se relever
au besoin, pendant la nuit, à l'heure où les vampires
quittent leur cachette, et les saisir, les tuer un à un.

Ce n'est pas seulement de sang humain que les punaises
sont avides : elles ne dédaignent pas celui de certains
animaux. Il ne paraît pas que nos compagnons les plus
ordinaires et les plus familiers, le chien et le chat, en
soient jamais piqués; mais les chauves-souris, les pigeons,
les hirondelles ont des punaises, que les naturalistes, il
est vrai, regardent comme des espèces distinctes de la
punaise de l'homme ou punaise des lits, et qu'ils ont
appelées *acanthia vespertilionis, ac. columbaria, ac.
hirundinis.* Ce que je puis affirmer pour l'avoir vu, c'est
que les punaises sont puissamment attirées par les écu-
reuils. J'en ai trouvé par centaines dans une grande cage
où habitaient deux de ces rongeurs. Il y en avait dans
tous les joints, dans toutes les fentes, dans l'intervalle
du plancher fixe et des planchers mobiles, dans les rai-
nures du grillage à coulisses qui séparait les deux loge-
ments; et il m'a fallu employer à deux ou trois reprises
les moyens les plus héroïques pour parvenir à les exter-
miner.

La punaise est un animal singulièrement intelligent et

rusé. Elle déploie, dans la guerre qu'elle nous fait, des facultés merveilleuses; elle invente des stratagèmes invraisemblables. C'est en vain qu'on s'efforce de la dérouter, de mettre son habileté en défaut ou de lasser sa persévérance. Toutes les précautions pour se soustraire à ses atteintes sont superflues. Il y a des gens naïfs qui croient lui échapper et s'assurer un sommeil tranquille en éloignant leur lit du mur, en le tirant jusqu'au milieu de la chambre; d'autres font plonger les quatre pieds dans des terrines pleines d'eau. Les punaises ne se déconcertent pas pour si peu. Ne pouvant grimper contre le lit, elles montent le long des murs, arrivent au plafond, juste

Punaise des lits.

au-dessus du dormeur, et se laissent tomber sur lui. Une particularité digne de remarque, c'est qu'elles ne piquent pas indifféremment toutes les régions du corps : elles s'attaquent plus volontiers au cou, aux épaules et aux bras. Elles ont aussi une prédilection marquée pour les femmes et pour les enfants. Le paisible et profond sommeil qui est l'heureux privilège du jeune âge leur donne d'ailleurs toute facilité pour s'abreuver à loisir d'un sang riche et pur. Aussi faut-il surveiller spécialement et visiter avec soin, chaque printemps, les chambres et les lits occupés par les enfants et les jeunes filles.

J'ai dit que quelques auteurs considéraient l'Inde comme étant la patrie des punaises. D'autres ont prétendu qu'elles avaient été apportées d'Amérique en Europe au XVIe siècle. Cette opinion ne peut se soutenir, puisque la punaise était bien connue des Grecs et des Latins, et qu'Aristote, Pline, Dioscoride et d'autres savants de l'antiquité en ont fait mention. Leur origine est, en somme, inconnue. Il paraît toutefois certain, d'après Mouffet, qu'elles n'ont pénétré en Angleterre qu'au xvi° siècle, et que deux dames furent d'abord l'objet de leurs préférences. Quant à leur habitat actuel, il est malheureusement très étendu. Elles sont à peu près cosmopolites. Il y en a dans la plus grande partie de l'Europe, dans le nord de l'Afrique, en Asie, en Amérique, partout où l'on bâtit des maisons. Cependant elles sont rares ou même inconnues dans l'Europe septentrionale. On a observé dans les maisons de Kazan, en Russie, une punaise qu'Eversmann a désignée sous le nom d'*acanthie ciliée*, et qui diffère de la nôtre par ses habitudes autant que par sa forme. Elle est nomade et solitaire. Elle se promène ou plutôt se traîne sur les murs comme si elle était à moitié engourdie. Sa piqûre est, dit-on, très douloureuse, et produit des ampoules fortes et persistantes.

Les punaises, on ne le sait que trop, abondent en France. A Paris, c'est un véritable fléau, et l'on se tromperait grandement si l'on croyait que les démolitions et les embellissements de la capitale en aient sensiblement diminué le nombre. On ne les a point détruites en abattant les vieilles constructions. Elles ont fait comme les Parisiens : elles ont déménagé, et se sont établies audacieusement dans les luxueuses maisons qui bordent les nouvelles rues et les nouveaux boulevards.

C'est bien autre chose encore, assure-t-on, dans certaines grandes villes du Midi : à Lyon, à Toulouse, à Bordeaux. « Je n'oublierai jamais, a raconté un illustre chimiste, qu'en 1838, étant logé à Bordeaux dans un des hôtels les plus renommés de cette belle et grande ville, je fus réveillé la nuit, quoique bien fatigué, par nombre de punaises qui me dévoraient. Je me plaignis le lendemain à la maîtresse d'hôtel d'avoir été trompé, et je la prévins que j'allais la quitter. « Comme vous voudrez, Monsieur, me répondit-elle naïvement; mais,

en changeant d'hôtel, vous ne ferez que changer de
punaises[1] ! »

Contre un tel ennemi, toujours renaissant et multi-
pliant, qui, grâce à sa platitude, se cache dans les plus
étroites fissures, y dépose ses œufs et se dérobe, lui et
sa progéniture maudite, aux regards les plus clair-
voyants ; qui, grâce à sa résistance vitale et à son insensi-
bilité, beaucoup plus grandes qu'on ne croit, défie la
plupart des agents mécaniques, physiques et chimiques,
la lutte vraiment n'est pas égale. Bien des moyens de
destruction ont été proposés et essayés ; je n'en connais
aucun qui ne laisse à désirer. Le problème à résoudre
peut s'énoncer ainsi : Étant donnée une chambre à coucher envahie par les punaises, trouver un procédé qui
non seulement anéantisse sûrement et rapidement toutes
les punaises vivantes qui s'y trouvent, mais détruise du
même coup dans les œufs les germes de celles qui autrement ne tarderaient pas à remplacer les premières.

Il ne manque pas de gens qui vous diront que le problème est résolu, et l'un vous vantera le soufre, l'autre
le chlore ou le chlorure de chaux ; un autre encore le
camphre ; un quatrième vous indiquera une poudre insecticide de staphisaigre, rue, pyrèthre, etc. Or l'emploi du
soufre ou du chlore est le plus souvent impraticable, ou
tout au moins entraîne des inconvénients et des embarras
sans fin. Il faut commencer par enlever les rideaux, les
tentures et les meubles, dont l'étoffe pourrait être dété-
riorée par les fumigations ; il faut calfeutrer toutes les
ouvertures ; puis on jette du soufre sur un réchaud placé
au milieu de la pièce ; ou bien on inonde la chambre de
chlorure de chaux ; après quoi l'on se retire vivement, et
l'on ferme hermétiquement la porte. Avant de là rouvrir,
on doit attendre au moins deux jours ; l'opération de l'ou-

<hr>

[1] *Comptes rendus de l'Académie des sciences*, année 1835.

verture exige encoie bien des précautions, et il s'écoulera
une semaine avant que la chambre soit de nouveau habitable. Les punaises, du moins, auront-elles *toutes* péri ?
Cela n'est pas certain, et d'ailleurs il reste les œufs et
les germes qu'ils contiennent. Le camphre est encore
bien plus inoffensif : il n'incommode même pas les punaises. Quant aux poudres insecticides, j'ai le malheur de
ne pas croire à leur efficacité. Je fis un jour, avec une de
ces poudres réputée infaillible, l'expérience que voici : je
pris une punaise adulte et bien portante; je la plaçai,
les pattes en l'air, sur une plaque de verre, et je l'ense-
velis sous une forte pincée de la poudre en question. La
punaise s'agita, se remit sur ses pattes, et tenta une
évasion; je la replaçai à plusieurs reprises sous son tas
de poudre prétendue insecticide; puis je l'enfermai dans
un petit flacon de verre. Elle y vécut jusqu'au lendemain, — où je pris le parti de la tuer.

L'essence de térébenthine fait périr les punaises; mais
il faut qu'elles en soient, pour ainsi dire, baignées; la
vapeur de cette essence ne les asphyxie ni ne les empoisonne en masse aussi sûrement qu'on l'a dit; en revanche,
elle incommode gravement les personnes qui la respirent, même en très faible proportion. La benzine est
infiniment préférable. Son odeur est moins pénétrante,
moins malsaine pour l'homme, et se dissipe plus promptement; comme insecticide, la benzine est, je crois, sans
rivale. Il suffit de toucher, avec un pinceau trempé dans
ce liquide, une mouche, une punaise ou tout autre
insecte de même taille, pour qu'il tombe mort à l'instant. On peut donc en badigeonner les joints et les
fentes des meubles et des murs suspects, le papier,
qu'elle ne tache pas; on peut en mouiller la toile des
matelas et du sommier : cette opération, deux ou trois
fois répétée, constitue encore le moyen le plus sûr et le
plus prompt d'avoir raison des punaises.

Le chimiste Thénard en conseillait un autre qui mérite d'être cité, puisque ce savant illustre le crut digne d'être exposé devant l'Académie des sciences, et que la docte assemblée l'écouta sans sourire. Le lecteur, moins indulgent, se demandera peut-être comme moi si M. Thénard parlait sérieusement, ou s'il ne voulait pas railler les soi-disant destructeurs de punaises en renchérissant sur leur naïveté. Quoi qu'il en soit, voici la recette telle qu'il l'a donnée.

« Vous mettez, dit-il, cent parties d'eau dans une bassine, et y ajoutez deux parties de savon vert; vous placez la bassine sur un fourneau allumé et portez la liqueur à l'ébullition. *Vous enlevez alors la tapisserie de la chambre, et agrandissez avec une lame de couteau les fissures des murs, si elles ne sont pas assez larges. Vous démontez les pièces de lit, s'il est en bois;* VOUS RETIREZ LES BOISERIES (et le parquet aussi, sans doute : Thénard aura oublié ce détail; il n'en néglige aucun cependant, comme on va le voir). Puis vous prenez une éponge que vous attachez *avec une ficelle* à un bâton de *quarante centimètres de long.* (Entendez bien cela : l'éponge doit être attachée *avec une ficelle,* et le bâton doit avoir quarante centimètres de *long,* — pas de diamètre, comme on aurait pu le croire !) Alors plongez l'éponge dans la dissolution bouillante de savon, et lavez à plusieurs reprises, de haut en bas, les murs de la chambre et surtout les parties où il y aura des fissures, en ayant soin de replonger à chaque fois l'éponge dans la liqueur, qui, pour agir efficacement, doit toujours être très chaude, et, autant que possible, bouillante. Lavez aussi les diverses pièces du bois de lit et toutes les boiseries; si elles sont précieuses, vous les exposerez seulement à l'air et au soleil pendant le temps nécessaire pour l'éclosion des œufs, et vous les frotterez ensuite. Lavez également, toujours avec la dissolution bouillante, les fissures qu'il y aurait dans les carreaux, ou le plancher, ou le parquet, ou les boiseries. Changez les couvertures, les rideaux, et les exposez au soleil pendant quelques jours. Renouvelez la paillasse, passez à l'eau bouillante le fond sanglé, les toiles et la laine des matelas. Enfin bouchez les fissures avec un mastic formé de craie et de colle animale, puis *tapissez la chambre à la manière ordinaire.* »

C'est tout. Le fait est que si les punaises résistaient à une pareille lessive, il faudrait qu'elles eussent la vie terriblement dure ! Ce procédé n'est-il pas d'une admirable simplicité ? Je trouve seulement qu'il n'exigeait pas tant de développement. Thénard aurait pu, s'adressant à des gens intelligents, le résumer en ces quelques mots : démolissez votre chambre, démontez et déménagez votre mobilier ; lavez le tout à l'eau de savon bouillante, et remettez à neuf : vous n'aurez plus de punaises. Les savants sont parfois d'une candeur admirable.

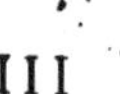

III

Les puces. — Puce irritante de l'homme. — Puces des animaux.
Puce pénétrante ou chique.

La puce nous inspire incomparablement moins d'aversion et de dégoût que le pou et la punaise. Elle ne dénote point comme le premier, chez les personnes qu'elle attaque, une malpropreté invétérée. Elle n'a pas la mauvaise odeur de la seconde. Elle ne s'installe pas à demeure, comme le pou sur le corps humain, comme la punaise dans nos meubles et dans nos appartements. On est accoutumé à la voir un peu partout ; nul ne peut se dire à l'abri de ses atteintes ; mais cela ne tire pas à conséquence. Elle nous incommode, nous irrite, nous agace; elle ne nous répugne pas plus que tout autre insecte, et si elle voulait, si elle pouvait nous laisser tranquilles, nous la trouverions peut-être amusante. Car on ne peut lui contester une physionomie originale et une certaine désinvolture gaillarde, malgré le volume de son abdomen, en rapport avec sa voracité. Son agilité est incomparable; elle exécute, avec ses six grandes et fortes pattes, des sauts d'une étendue prodigieuse, eu égard à l'exiguïté de sa taille. Elle va, elle vient, elle déjeune de celui-ci, dîne de celui-là, soupe d'un troisième, monte en voiture avec un quatrième...: c'est le mouvement, le changement fait insecte. Son appétit est imperturbable. Je me suis amusé un jour à étudier expérimentalement la résistance vitale d'une puce. Après l'avoir noyée et fait revenir à la vie plusieurs fois, je lui ai arraché les pattes et je l'ai posée sur ma main. Il paraît que ces immersions répétées et prolongées, et l'ablation de ses membres, n'avaient fait qu'aiguiser sa faim; car elle me piqua incontinent, et se mit à me sucer le sang avec ardeur. Je la laissai faire : on ne refuse rien aux condamnés; ce fut son dernier repas.

L'appareil buccal de la puce (*rostelle*) se compose d'une lèvre inférieure en forme de lamelle oblongue, portant deux palpes rapprochés, à quatre articles; d'une gaine articulée, constituée par deux pièces qui représentent les mâchoires, portant chacune un palpe et renfermant deux lancettes acérées et dentelées en scie à leur extrémité. La tête est petite, très comprimée, pourvue de deux yeux simples, grands et ronds, et de deux antennes courtes, presque cylindriques. Le thorax est peu développé; l'abdomen, au contraire, est relativement énorme, et les segments qui le composent sont divisés en deux parties qui s'emboîtent de manière à permettre une dilatation considérable de cette partie du corps. La puce femelle pond de 8 à 12 œufs, qu'elle dépose dans les fentes des planchers, des boiseries et des meubles, dans la poussière, dans le linge sale, quelquefois sous les ongles des orteils des gens malpropres. A côté de ces œufs, la mère prévoyante a soin de placer de petits granules de sang desséché, qui doivent servir à la nourriture de la larve.

La sollicitude de la puce pour sa progéniture est même poussée plus loin encore. « Après s'être gorgée de votre sang, dit M. Ém. Blanchard, la mère s'en va trouver ses jeunes, et leur dégorge une partie de la nourriture qu'elle a puisée... Les naturalistes des xviie et xviiie siècles, Leeuwenhoek, Rœsel, de Geer, ont observé les puces dans leurs soins maternels. De nos jours, un amateur, ayant peine à croire à des instincts remarquables chez des êtres qu'il estimait stupides lorsqu'il lui arrivait de sentir leur piqûre, eut recours à l'expérience. Des œufs de puces furent mis dans de petites boîtes ouvertes, suffisamment garnies de poussière; les mères furent respectées; on observa les manœuvres que nous avons rapportées. » Les larves des puces se présentent sous l'aspect de tout petits vers apodes (sans pieds), d'abord blanchâtres, puis rougeâtres, très vifs et très remuants. Lorsqu'ils ont atteint leur développement, c'est-à-dire au bout de dix à quinze jours, ils s'enferment dans des coques soyeuses où ils se changent en nymphes, puis en puces parfaites. La durée totale de ces deux dernières transformations est égale à celle de la première phase de leur existence. On voit que les puces sont des insectes à métamorphoses complètes; ce qui, joint à d'autres particularités de leur organisation, les a fait ranger dans la classe des diptères, ou insectes à deux ailes [1].

On croit communément qu'il n'existe qu'une seule es-

----

[1] Latreille les plaçait dans son groupe des *siphonaptères*. Kerby et M. Ém. Blanchard en ont fait l'ordre des *aphaniptères*, ou insectes à ailes invisibles, parce qu'en effet les puces n'ont que des ailes rudimentaires, extrêmement minces, et exactement appliquées sur les deux premiers articles de l'abdomen.

pèce de puces, attaquant indifféremment l'homme et les animaux. C'est une erreur. On connaît plusieurs espèces, dont chacune a ses préférences bien marquées, bien qu'elles puissent s'égarer accidentellement sur des animaux dont le sang ne constitue pas leur nourriture ordinaire. Ainsi la puce irritante (*pulex irritans*) vit particulièrement sur l'homme; le chien a sa puce (*pulex canis*); le chat a la sienne; les poules, les pigeons ont leurs puces, etc.

La puce irritante est à peu près cosmopolite; elle habite, de temps immémorial, l'Europe, l'Asie, le nord de l'Afrique; elle a émigré avec les Européens dans toutes les parties du monde, et s'y est multipliée d'autant plus qu'elle y a trouvé des conditions plus favorables. Dans le midi de l'Europe, en Espagne, en Italie, en Grèce, en Turquie, les puces fourmillent, non seulement dans les habitations, mais en pleine campagne. En général, la chaleur et le défaut de soins sont un adjuvant puissant de leur multiplication. « Il y a, disent P. Gervais et Van Beneden, beaucoup de puces dans les habitations malpropres, dans les casernes et surtout dans les camps. Leur action sur les nouveaux venus y est insupportable; elles pullulent souvent dans les lieux abandonnés, princi-

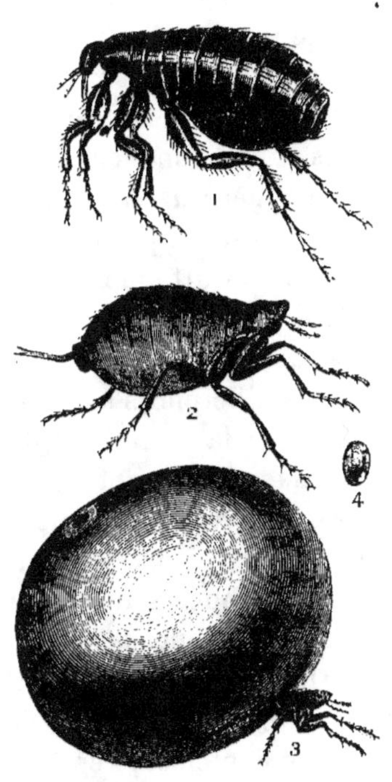

1. Puce commune ou irritante.
2. Puce pénétrante mâle (chique).
3. Femelle dont le ventre est dilaté par les œufs.
4. Œuf.

palement dans les masures, et l'on en trouve parfois en abondance dans les bois et jusque dans les dunes ou les sables qui bordent certaines plages. Les endroits où campent les pêcheurs et ceux qui sont fréquentés par les baigneuses, en ont quelquefois en quantités étonnantes, et à Cette comme à Palvas, auprès de Montpellier, on est plus particulièrement exposé à leurs atteintes lorsqu'on veut se reposer sur certaines dunes. »

Les puces sont fort difficiles à détruire; mais elles ne restent guère dans les habitations ou sur les personnes bien tenues. La propreté est le plus infaillible préservatif contre leurs attaques.

On a fait un genre à part d'une puce dont les mœurs ainsi que l'organisation présentent, en effet, de très grandes différences avec celles de tous les autres diptères aptères de la même famille (pulicidés). Je veux parler de la puce pénétrante, ou chique, qui est un des menus fléaux de l'Amérique méridionale. Les deux parties de cet insecte qui peuvent être considérées comme les plus caractéristiques sont l'appareil buccal et l'abdomen.

L'appareil buccal se compose de huit pièces, savoir : deux lames foliacées (*maxilles*) qui supportent les palpes ; deux palpes à quatre articles; deux tiges quadrangulaires à arêtes dentelées, représentant les mandibules ; un suçoir canaliculé ; enfin une lèvre inférieure, embrassant seulement la partie basilaire des deux scies.

L'abdomen mesure environ les deux tiers de l'animal; il est assez régulièrement oval, plus ou moins allongé. On y compte neuf anneaux. Cet abdomen, plus extensible que celui de notre puce, acquiert surtout chez la femelle, qui est plus grande que le mâle, un volume relativement énorme après la fécondation et le développement des œufs. Il prend alors la forme et le volume d'un pois chiche.

La chique attaque l'homme, la plupart des animaux

domestiques : le chien, le chat, la chèvre, la brebis, et aussi probablement un certain nombre d'animaux sauvages. Le mâle et la femelle non fécondée se contentent de piquer la peau, et de s'y attacher avec ténacité pour sucer le sang; et comme ils sont fort petits, ils ne causent que des démangeaisons superficielles. « J'ai souvent constaté leur présence sur moi-même, dit M. le docteur Bonnet. Il m'est arrivé, un jour que j'avais été assailli dans une de mes excursions par un nombre considérable de chiques, de reconnaître douze mâles sur vingt-deux individus que j'avais pu saisir. J'ai observé aussi, en m'appliquant sur un point quelconque du corps des mâles et des femelles (non fécondées) recouverts par un verre de montre, qu'ils s'y comportaient de la même manière, c'est-à-dire qu'ils s'attachaient à la surface de la peau par les crochets de leurs pattes et qu'ils perforaient l'épiderme avec leurs mandibules. J'en ai conservé ainsi toute une nuit, et le lendemain aucun de ces insectes n'avait pénétré, mais ils étaient tous collés contre la peau d'une manière assez intime pour que j'eusse de la peine à les détacher [1]. » La chique qui va devenir mère a d'autres besoins à satisfaire; que dis-je? elle a d'impérieux devoirs à remplir. Il lui faut, pour que ses œufs se développent, une nourriture abondante, une température douce, et peut-être d'autres conditions qu'elle ne peut trouver qu'en s'introduisant sous l'épiderme et en s'y établissant à demeure.

« Dès que la chique a pénétré entre l'épiderme et le derme, elle commence par attaquer ce dernier, pour s'y creuser une loge qui augmentera plus tard en proportion du volume que prendra l'abdomen... La puce pénétrante, une fois dans sa loge, ne s'y meut pas comme l'acarus, ne creuse ni sillons ni galeries, et ne s'enveloppe pas d'une vésicule

---

[1] *Mémoire sur la puce pénétrante ou chique.* Paris, 1867.

blanche sphérique. Ce que Goudot et d'autres après lui
ont pris pour une vésicule de nouvelle formation, n'est
pas autre chose que l'abdomen de l'insecte. La position
qu'elle prend, et qu'elle ne quittera plus, est invariablement la suivante: elle est comme implantée perpendiculai-
rement, la tête et le thorax enfoncés dans le derme; et
son extrémité anale est fixée à l'orifice d'introduction, qui
reste béant pour laisser à l'insecte emprisonné une voie
de communication avec l'air extérieur. C'est par là que
l'animal respire et qu'il peut rejeter au dehors les éléments excrémentitiels[1]. » Quand la puce pénétrante travaille tranquillement, sans être dérangée, et, condition
indispensable, dans l'obscurité, il ne lui faut pas plus d'un
quart d'heure pour s'établir sous l'épiderme ; après quoi
elle commence aussitôt à ingurgiter les sucs nécessaires à sa
subsistance et au développement de ses œufs. Ce travail
aussi marche rapidement. Au bout de vingt-quatre heures,
l'abdomen a déjà la grosseur d'un grain de millet, et il
peut, en deux ou trois jours, acquérir le volume d'un
pois. C'est le kyste ou sac auquel les nègres des Antilles
donnent le nom de *coco* de la chique. Les œufs sont expulsés à mesure qu'ils arrivent à maturité; les contractions
de l'abdomen les projettent avec une certaine force, quelquefois à la distance de deux millimètres. L'éclosion de la
larve n'a lieu, et celle-ci ne peut vivre qu'en dehors des
tissus et dans un endroit sec; plongé dans un liquide, le
jeune insecte périt aussitôt. La mère succombe dès que
la ponte est achevée, et c'est son cadavre qui semble destiné à servir de premier aliment à ses enfants. La larve
trouve ensuite n'importe où, dans la poussière, dans les
détritus où elle va s'enfouir, autant de nourriture qu'il lui
en faut pour ses dix à quinze jours d'existence, et elle accomplit ses métamorphoses de la même manière que la

[1] Bonnet, Mémoire déjà cité.

Négresse échiqueuse.

puce d'Europe. De même aussi elle n'attaque l'homme et les animaux que lorsqu'elle est arrivée à l'état d'insecte parfait.

La présence des chiques sous l'épiderme n'occasionne d'abord qu'un chatouillement très supportable; mais à ce premier symptôme succède une inflammation de plus en plus douloureuse, qui dure quatre ou cinq jours, quelquefois plus, après lesquels la tumeur produite par la vésicule s'abcède, l'épiderme se déchire, le kyste se détache et tombe de lui-même, laissant à nu une petite place suppurante qui, sauf complication, guérit assez rapidement. Mais les complications sont loin d'être rares; et il peut survenir des accidents d'une certaine gravité dus, soit à la multiplicité des tumeurs, soit aux effets de la fatigue, de la chaleur ou de la malpropreté, soit à une mauvaise prédisposition du malade. Il importe donc, lorsqu'on se sent attaqué par des chiques, de s'en débarrasser au plus vite. L'extraction des chiques (échiquage) est toujours une opération très simple. Elle est généralement pratiquée par des femmes, négresses, indiennes ou mulâtresses, auxquelles les médecins ont souvent recours plutôt que de s'ôter eux-mêmes les chiques dont ils sont atteints. D'après M. J. Goudot, ce sont de jeunes enfants qui, au Brésil, sont préférés pour cette opération. « Dans les villes du Brésil que nous connaissons, dit M. Bonnet, à Rio-de-Janeiro, Bahia, Fernambuco, les échiqueurs sont de fort beaux nègres, et plus souvent encore de vieilles négresses. Nous admettons d'ailleurs avec une certaine incrédulité le choix de jeunes enfants, dont la vue n'est pas plus perçante et dont on connaît toute la légèreté et la pétulance, pour la pratique d'une opération très simple, mais qui exige de l'adresse et surtout de la patience. A la Guyane française de même qu'aux Antilles, la population créole a recours aux négresses pour l'échiquage. Quant à nous Européens, nous trouvions, soit sur les pénitenciers, soit à l'hôpital militaire de Cayenne, de très adroits échiqueurs parmi les condamnés à la transportation. Lorsqu'on a de bons yeux et un peu d'adresse, il vaut mieux, dans la généralité des cas, s'extraire soi-même les chiques : on est prévenu plus à temps, par la douleur, qu'on pénètre trop profondément dans le derme[1]. »

Je ne suivrai pas le savant auteur dans la description des procédés opératoires indiqués pour les différents cas qui peuvent se présenter. On s'en fait aisément une idée, et c'est à peine s'il est nécessaire de dire que l'instrument en usage pour cette petite chirurgie est une aiguille ou quelque outil tranchant à pointe effilée. Mais quand les chiques sont en très grand nombre, il faut recourir, pour s'en débarrasser, à un moyen plus général et plus expéditif, c'est-à-dire à l'emploi d'une substance insecticide qui tue à la fois tous les parasites. L'onguent mercuriel atteint parfaitement ce but.

Les Indiens et les négresses de la Guyane, dit M. Bonnet, emploient dans le même but un cataplasme de manioc pilé, qui tue rapidement les chiques, dont on retrouve après vingt-quatre à trente-six heures les cadavres à la surface du topique. Il est évident que le manioc agit comme poison.

Extraire ou tuer les chiques est bien. S'en préserver serait mieux. On y réussit, jusqu'à un certain point, avec de bonnes chaussures et des habitudes d'extrême propreté ; mais dans certaines localités on ne peut, quelque précaution que l'on prenne, se flatter d'être tout à fait à l'abri de leurs atteintes. Toutes les parties du corps sont susceptibles d'en être affectées. Cependant les pieds sont leur domaine de prédilection ; quatre-vingt-dix-neuf fois sur cent au moins, c'est cette partie des membres inférieurs qui en est attaquée. Elles se logent surtout aux éminences

---

[1] Mémoire cité.

thénar et hypothénar, autour et au-dessous des ongles,
au sillon digito-plantaire, au talon, à l'insertion du ten-
don d'Achille et à la plante des pieds; presque jamais à
la région dorsale.

La puce pénétrante habite exclusivement l'Amérique
intertropicale. Elle est très commune au Mexique, au
Brésil, sur les côtes sablonneuses du Paraguay, à la
Guyane française, sur les rives du Maroni, de l'Oyapok
et de l'Approuague. Elle ne fait acception ni de race, ni
de couleur, ni d'âge, ni de sexe, et si les nègres, les
Indiens, les coolies et, parmi les blancs, les enfants en
sont plus fréquemment et presque constamment attaqués,
c'est qu'ils vont d'ordinaire pieds nus et négligent complètement les soins de propreté qui pourraient éloigner
d'eux ces redoutables ennemis.

J'ai dit plus haut que la puce pénétrante attaque fréquemment les animaux compagnons de l'homme. Je dois
ajouter qu'elle semble avoir une préférence marquée pour
les porcs, que plusieurs auteurs considèrent comme les
propagateurs spéciaux des chiques. Elles attaquent très
souvent les chiens et les chats; mais ces animaux réus-
sissent assez bien à s'en débarrasser avec leurs dents et
leur langue.

IV

Diptères. — Les cousins.

Les insectes piquent, soit avec leur rostre pour sucer
le sang, soit avec leur tarière terminale pour déposer
leurs œufs dans les tissus vivants, soit avec leur aiguillon
pour se défendre lorsqu'ils sont ou se croient attaqués,
ou au besoin pour attaquer eux-mêmes, selon le mot d'un
célèbre comique contemporain. Les insectes aptères dont

nous venons de nous occuper sont dans le premier cas ;
mais ils ne sont pas les seuls, et la classe des diptères
fournit bien d'autres buveurs de sang, qui attaquent avec
une férocité sans égale l'homme et ses plus utiles serviteurs. Le cousin (*culex*), qu'on pourrait définir une puce
ailée et venimeuse, n'est pas, tant s'en faut, un ennemi
à dédaigner ; car, s'il est petit par la taille, il est immense
par le nombre, il est fort par son audace, par la puissance des armes dont la nature l'a pourvu, et par sa ténuité même, qui le rend insaisissable. Son susurrement
strident nous agace avant que sa piqûre nous endolorisse
et nous exaspère. On le craint peu à Paris, et en général
dans les lieux tempérés ou froids éloignés des eaux sta-
gnantes. Cependant il n'est pas rare, lorsqu'en été on se
trouve à la campagne ou dans le voisinage de jardins,
et qu'on reste le soir dans une chambre éclairée, les fenêtres ouvertes, de se voir assailli par quelques-uns de
ces insectes. On en est quitte, d'ordinaire, pour deux ou
trois piqûres ; mais la douleur cuisante et l'enflure qui en
résultent peuvent donner une idée des supplices auxquels
sont exposés les habitants des contrées méridionales et
septentrionales, et plus encore les voyageurs inexpéri-
mentés qui ne songent pas à se mettre en défense contre
ces agresseurs nocturnes. Car il est curieux de noter que
les espèces les plus incommodes de la famille des culici-
dés appartiennent aux latitudes extrêmes, et qu'on retrouve sous le ciel pâle de la Laponie le même fléau qui
rend parfois insupportable le séjour des climats chauds.
Les cousins abondent aussi, pendant l'été, dans certains
pays humides et marécageux, tels, par exemple, que la
Hollande. Les espèces qu'on rencontre dans les diverses
régions du globe, depuis la zone glaciale jusqu'à l'équa-
teur, sont, du reste, peu différentes les unes des autres.

On trouve en France, outre le cousin commun (*culex
pipiens*), le cousin annelé (*c. annulatus*, Fabricius) et le

cousin-puce (*c. pulicaris*). Ce dernier est très commun dans le Midi, surtout aux environs de Cette, où il est désigné, en patois méridional, sous les noms d'*arabi* et de *pibou*. En Suède, l'espèce la plus répandue est le cousin rampant (*c. reptans*, Linné), qui est noir et blanc, et de la grosseur d'une puce. On en a fait le type du genre *simulie*, auquel se rattachent aussi les moustiques des colonies françaises. Quant aux maringouins de l'Amérique tropicale et des Antilles, ce seraient, d'après Moquin-Tandon, de véritables cousins. Dans les forêts humides de Madagascar et de l'île de France, il existe un *culex* dont la morsure est, dit-on, très douloureuse, et que les créoles appellent bigaye ou bizigaye.

L'appareil buccal du cousin est composé de cinq longs dards protégés par une sorte de gaine fendue en avant sur toute sa longueur, mais terminée par deux lèvres soudées en dessus, de manière à former autour des aiguillons un anneau qui les empêche de s'écarter. Deux de ces aiguillons présentent, à leur extrémité, une petite dilatation lancéolée; deux autres sont finement dentelés; le cinquième est hérissé de petites soies courtes et d'une extrême finesse. Quand l'insecte a choisi l'endroit qu'il veut sucer, il y appuie l'anneau terminal de sa trompe et enfonce ses dards dans la peau. A mesure qu'ils s'y introduisent, la gaine, refoulée de bas en haut, se replie, et forme une anse dont les deux branches finissent par se rejoindre lorsque la tête de l'animal est arrivée le plus près possible de l'anneau, toujours appliqué sur la peau.

Les cousins n'ont pas de glande à venin; mais on croit qu'ils sécrètent une humeur, probablement de la salive, qui pénètre dans la plaie le long du tube formé par la réunion de ses cinq dards : c'est aussi par ce tube que le cousin pompe le sang de sa victime. Réaumur pensait que cette salive, en se mêlant au sang, le rend plus fluide; elle serait donc alcaline. Duméril suppose, en outre, qu'elle est douée d'une vertu narcotique, qui produit d'abord une anesthésie locale, bientôt suivie des accidents inflammatoires et de l'œdème que tout le monde connaît. L'engourdissement momentané de la partie blessée permet à l'insecte de sucer le sang tout à son aise; et la douleur ne se fait sentir que lorsqu'il a fini son repas et qu'il s'est envolé.

Le plus sûr moyen de se garantir de la piqûre des cousins, c'est de fermer les fenêtres le soir avant d'avoir de la lumière. Dans les pays où, malgré cette précaution, un certain nombre de cousins s'introduisent dans les appartements, on enveloppe chaque lit d'un voile de gaze, connu sous le nom de *moustiquaire*. Les Indiens de l'Amérique du Sud, qui dorment en plein air ou dans des huttes mal closes, suspendent leur couche à une certaine hauteur et allument en dessous des branchages humides qui, brûlant lentement, dégagent assez de fumée pour éloigner les insectes, sans que le dormeur en soit trop incommodé.

Les métamorphoses des culicides sont très curieuses. La femelle dépose sés œufs à la surface de l'eau, en les collant les uns aux autres de manière à en former de petites masses flottantes. Chaque ponte donne de deux à trois cents œufs. Les larves éclosent au bout de peu de temps et grandissent très rapidement. Ce sont des bêtes aquatiques, qui nagent avec une extrême agilité, allant et venant sans cesse du fond de l'eau à la surface, et de la surface au fond; et cela, presque toujours la tête en bas. Cette tête est munie d'antennes et de cils vibratiles dont l'insecte se sert comme de mains pour porter ses aliments à sa bouche; car il n'a pas encore de pattes. Il change de peau plusieurs fois pendant cette première phase de sa vie. A la dernière mue, il se trouve métamorphosé en nymphe ou chrysalide. Celle-ci, complètement emmaillotée, est néanmoins encore très active et se

meut dans l'eau à l'aide de deux nageoires placées à l'extrémité postérieure de son corps. De temps en temps elle
vient présenter à l'air les deux tubes respiratoires qui
sont implantés sur son dos comme de petites cheminées.

Vient enfin le moment de la dernière métamorphose. Une
scène des plus curieuses, dit M. Ém. Blanchard, va
réjouir l'observateur. Les petites nymphes flottent en
foule à la surface de l'eau; elles sont devenues presque
immobiles; le tégument qui les enveloppe se dessèche et
se fend à la région dorsale : le cousin sort sa tête, puis
son thorax. Sa carapace de chrysalide est devenue pour
lui une nacelle, et il semble prendre toutes les précautions
du monde pour ne pas la faire chavirer par quelque mouvement trop brusque. Avec raison; car, s'il avait le
malheur de mouiller ses ailes, ce serait fait de lui.
Aussi est-ce avec une lenteur méthodique qu'il se dresse
sur ses longues pattes, puis dégage son abdomen, étend
ses ailes et enfin prend son essor. L'opération s'effectue
sans accident si l'air est calme; mais la moindre brise
est tempête pour ces frêles embarcations : aussi, pour
peu que l'air soit agité, les sinistres se multiplient. Des
centaines de navires sont jetés à la côte, et les infortunés
qui les montaient deviennent la proie des dytiques voraces, des hydrophiles robustes et des larves toujours
affamées qui sont les écumeurs de cet océan en mi-
niature.

On prend quelquefois pour des cousins certains insectes
qui ne leur ressemblent que par la gracilité de leurs
formes, et qui appartiennent à des familles et même à
des ordres différents. Confusion d'autant plus fâcheuse
que ces insectes, loin de mériter, comme les cousins, notre
antipathie et nos rigueurs, sont, au contraire, dignes de
notre protection; car ils sont pour nous d'utiles alliés.
Tels sont les éphémères (famille des libellulides, ordre
des névroptères), qui ne vivent à l'état parfait que le

temps strictement nécessaire pour se reproduire, et qui durant la première phase, relativement très longue (de deux à trois ans), font, en qualité de larves aquatiques et carnassières, une chasse très active aux autres menus

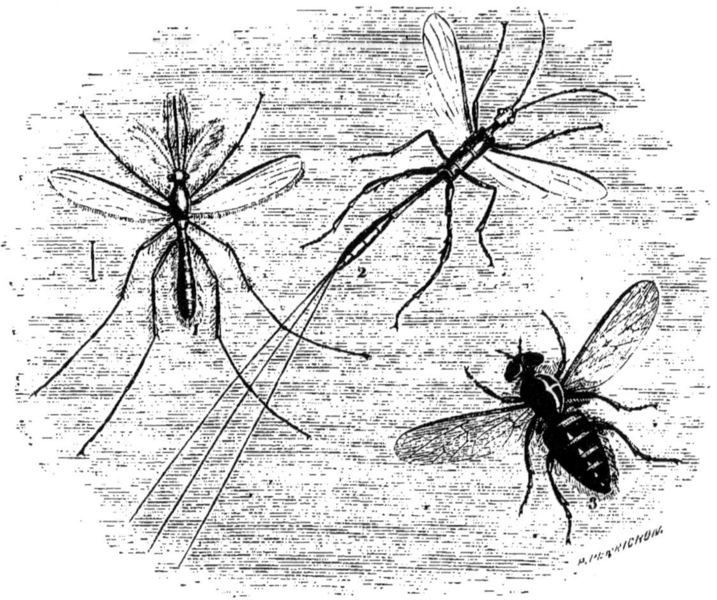

1. Cousin commun. — 2. Ichneumon. — 3. Taon des bœufs.

insectes habitants de l'humide élément. Tels sont aussi les ichneumons (ichneumonides, ordre des hyménoptères), encore des alliés de l'homme, pourvus de quatre ailes, comme les éphémères, et non de deux seulement, comme les cousins; plus grands d'ailleurs que ces derniers, dont ils se distinguent plus nettement encore par leur organisation et leurs habitudes.

Je suis loin d'avoir épuisé la liste des espèces malfaisantes que renferme l'ordre presque entièrement hostile des diptères, et qu'il est de mon devoir de dénoncer à la vindicte humaine. Dans cet ordre, en effet, se trouvent compris les asiles, les taons, les tsetsés, les œstres, les cutérèbres, les mouches de toutes sortes : autant de persécuteurs féroces, d'assassins, d'empoisonneurs qui tourmentent nos animaux domestiques, envahissent nos demeures, et dont trop souvent les attaques ou le simple contact font courir à l'homme même les plus graves périls.

V

Diptères (suite). — Les asilines. — L'asile crabroniforme. — Tabanides. — Le taon des bœufs. — Le débabe. — Le chrysops aveuglant. Les stomoxes. — La mouche plate. — La tsetsé.

Avant d'aller plus loin, il convient peut-être de donner au lecteur quelques renseignements généraux et sommaires sur l'ordre des diptères. Ce sont, comme leur nom l'indique, des insectes à deux ailes. Ils n'en ont, en effet, qu'une paire qui se développe. L'autre paire avorte, pour ainsi dire, et reste à l'état rudimentaire. Les ailes des diptères sont toujours membraneuses et transparentes ; jamais cornées et opaques comme celles des coléoptères, ni couvertes d'un enduit écailleux comme celles des lépidoptères. Les diptères sont des insectes suceurs. Ils subissent des métamorphoses complètes. « Leurs larves, ordinairement vermiformes, toujours placées dans des conditions où elles peuvent vivre sans secours étranger, sont, dit M. Ém. Blanchard, douées pour la plupart d'une assez grande agilité, qu'elles doivent à la faculté d'avancer et de reculer par un mouvement de reptation. Suivant les types, les diptères présentent de curieuses différences dans leur conditions de nymphes. Ici les nymphes sont actives, bien qu'elles ne prennent aucune nourriture ; là elles sont inactives au même degré que les chrysalides des lépidoptères, que les nymphes des coléoptères; ailleurs, parfaitement immobiles, elles sont devenues nymphes sans se dépouiller de la peau de larve : ces sortes de nymphes, comme les mouches proprement dites en offrent le grand exemple, sont habituellement désignées sous le nom de *pupes*[1]. »

L'ordre des diptères est représenté dans toutes les parties du monde par des familles plus ou moins nuisibles ou importunes.

Voici d'abord les asilines, insectes agiles aux formes élancées, au suçoir armé d'un dard aigu, dont elles percent le cuir épais des chevaux et des bœufs, et aussi, quand il leur plaît, la peau de l'homme. L'asile crabroniforme, ainsi nommé à cause de sa ressemblance avec le frelon, est une des espèces les plus répandues en France. Sa larve vit dans la terre, et ronge les racines des plantes. L'insecte parfait est carnassier et sanguinaire. C'est du sang d'autres insectes, et particulièrement des chenilles, qu'il fait sa nourriture habituelle; mais il ne dédaigne nullement le sang humain, ni celui des mammifères, et son dard fait une blessure d'où le sang jaillit comme si l'on avait été piqué avec une pointe d'acier.

Les tabanides sont des persécuteurs acharnés de l'homme et de ses meilleurs serviteurs ; c'est une famille maudite, une *famille-fléau*, dirait quelque disciple de M. Victor Hugo. « Corps large et épais; ailes grandes; yeux superbes, brillants, tellement gros que chez les mâles ils sont presque contigus sur le sommet de la tête; antennes courtes, avec un dernier article à plusieurs divisions; trompe très grande, dépassant quelquefois la longueur du corps; terrible suçoir fort différent de celui des asiles, les deux mandibules étant séparées l'une de l'autre:

---

[1] *Métamorphoses, mœurs et instincts des insectes*, 1 vol. gr. in-8°. Paris, 1868.

tels sont, dit M. Ém. Blanchard, les signes caractéristiques des tabanides. » On reconnaît aisément dans l'auteur de ce portrait un entomologiste convaincu, amoureux
de sa science et qui trouve à admirer même chez les
insectes les plus odieux. Les yeux des tabanides lui paraissent *superbes,* et je ne serais pas étonné que, voulant faire
un compliment à une dame, il lui arrivât de s'écrier
avec enthousiasme : « Madame, vous avez des yeux de
taon ! »

Les taons forment le principal genre de la famille. Tout
le monde connaît le taon des bœufs, « un de nos plus
BEAUX et de nos plus gros diptères, » dit encore M. Ém.
Blanchard. Le taon n'attaque pas seulement les bœufs,
comme son nom spécifique pourrait le faire croire. Il
poursuit aussi les chevaux; ce qui le fait justement
redouter des cavaliers, exposés à subir les effets de l'ir-
ritation et de la douleur que causent à leurs montures
ses bourdonnements et ses piqûres. On le rencontre dans
les champs, dans les pâturages, mais surtout à la lisière
des bois et dans les clairières. Chaque climat a ses taons,
partout acharnés contre les serviteurs de l'homme : chez
nous, contre le bœuf, l'âne, le cheval; en Laponie, contre
le renne; en Afrique, contre le chameau.

Le taon du chameau et du dromadaire est connu des
Arabes sous le nom de *débabe.* « Il commence, dit M. Val-
lon [1], à se montrer en juin et ne disparaît qu'en septembre.
Il habite de préférence les plaines, les vallées boisées et
humides. Il est quelquefois si nombreux, qu'il incommode
non seulement le dromadaire, mais encore le cheval et
le bœuf. Sa piqûre est venimeuse, et les Arabes pensent
que son venin vient de ce que ces mouches, après s'être
repues de serpents que l'on trouve en si grande quantité
au printemps, s'imprègnent de leur venin et le déposent

---

[1] Cité par M. Eug. Gayot dans son intéressant petit livre, *Mouches et Vers,*
in-18. Paris, 1869.

dans les plaies qu'elles produisent sur les animaux. » —
Cette opinion des Arabes ne saurait être prise au sérieux.
Outre que la prétendue vénénosité de la piqûre du
débabe n'est probablement que l'effet de la chaleur et
d'autres causes extérieures qui enveniment les piqûres,
cette histoire de mouches se nourrissant de serpents et
s'imprégnant de leur venin ne peut que faire sourire
toute personne tant soit peu versée dans l'histoire naturelle et la physiologie. — « La piqûre du débabe, poursuit notre auteur, produit sur le dromadaire une douleur
excessivement vive et un afflux de sang sur le point qui
en est le siège. De là la formation de phlegmons de
volume variable. Lorsque les mouches s'acharnent sur un
animal, elles l'assaillent sur tous les points et choisissent
de préférence les régions où la peau est le plus fine, comme
le pli de l'aine, le ventre, les flancs, etc... Le dromadaire en proie au débabe éprouve des douleurs intolérables, rue, se laisse tomber, pousse des cris furieux, se
roule par terre, tourne dans tous les sens comme s'il
était frappé de vertige, s'élance de toute la vitesse de ses
allures, et ne connaît plus aucun danger. Nous en avons
vu se jeter dans l'eau, dans les ravins, se rouler sur des
buissons, sur des tas de pierres, pour essayer de se débarrasser de ces insectes importuns... Quand un troupeau
de dromadaires est assailli par les mouches, le plus grand
désordre ne tarde pas à s'y mettre. M. le général Car-
buccia a été témoin d'un fait de ce genre qui se passa au
pied du Tiaret, au retour de l'expédition de Lagouath,
et voici le portrait qu'il nous en a tracé.

« Auprès du Tiaret, en traversant la rivière, les dro-
« madaires furent assaillis pour la première fois par le
« débabe; chaque animal avait sous le ventre des milliers
« de ces mouches, dont il cherchait vainement à se·
« débarrasser, soit par des sauts, soit avec les pieds, soit
« même en se précipitant à terre. A quatre heures du

« soir, le débabe disparut et permit enfin à nos droma-
« daires de prendre le repos et la nourriture dont ils
« avaient un si grand besoin. »

« Les piqûres du débabe, quand elles sont nombreuses,
amènent la maigreur, le dépérissement, le marasme
même ; elles donnent lieu à des abcès qui se montrent sur
l'encolure et sur d'autres parties du corps... Les pertes
occasionnées par le débabe sont souvent très grandes ;
il n'est pas rare de voir des troupeaux entiers de dromadaires partir au galop, comme frappés de vertige, se jeter
dans les rivières et y périr. D'autres fois les animaux meurent des suites de la maladie... Les Arabes cherchent à
préserver leurs dromadaires du débabe en les faisant
émigrer. Ceux du Tell les envoient dans le Sud , et *vice
versa*. Ceux qui ne peuvent opérer cette émigration
tâchent de les placer dans des endroits élevés, loin des
bois , des cours d'eau, de la verdure. S'ils doivent se
mettre en route, ils se gardent bien de marcher pendant
les fortes chaleurs du jour. Dans les douars, ils parviennent à éloigner les mouches en rassemblant les animaux en groupes serrés, et en les entourant d'un cercle
de paille humide à laquelle ils mettent le feu. Le débabe,
incommodé par la fumée, s'éloigne des dromadaires. Les
applications de goudron chassent aussi les débabes ; mais
elles sont dispendieuses, et elles ne sont pas toujours
sans danger. Les Arabes administrent, contre les suites
de la piqûre du débabe, des corps gras, du beurre surtout ; ils ouvrent les abcès avec le cautère rouge, et ils
mettent dans les plaies du goudron et du miel. »

M. E. Gayot donne, en homme pratique et spécial,
d'utiles indications sur les habitudes de nos taons d'Europe et sur les moyens propres, soit à préserver nos serviteurs de leurs atteintes, soit à les guérir lorsqu'ils ont
été gravement blessés. « On commence, dit-il, à voir les
taons en juin ; ils disparaissent en septembre. Leur habitat

est circonscrit : si on en trouve dans toutes les parties du globe, ils n'en occupent pas indistinctement toutes les localités. Ils sont cantonnés : les prairies basses et humides, les forêts, les lisières des bois sont leurs domiciles habituels; ils ne s'en écartent pas. Enfin, s'ils sont particulièrement énergiques et redoutables par les temps orageux, ils ne « travaillent » que par le grand soleil et les fortes chaleurs, aux heures du jour précisément où la nature convie l'homme, les animaux qui l'entourent, et jusqu'aux oiseaux, à faire relâche, à suspendre leur activité, à se retirer silencieusement dans l'ombre pour un repos nécessaire, pour une sieste salutaire. La remarque n'est pas nouvelle; car tous ceux qui ont traité de ces matières ont répété, les uns après les autres, la recommandation naturelle qui s'y rattache. Pour prévenir les ravages des insectes à deux ailes, écrit-on de toutes parts, il faut, pendant les fortes chaleurs, laisser les animaux au frais et à l'ombre, ne les mettre au travail que le matin et le soir...

« Quand il est en train de se repaître, le taon ne se dérange pas facilement; il suce fort, et tient comme teigne. On peut alors y aller de bon cœur et l'écraser sur place. J'aime cette façon d'en faire justice; mais je voudrais aussi qu'on n'abandonnât pas complètement à luimême l'animal qu'on n'a pas su préserver de nombreuses blessures... Je puis m'en tenir désormais à cette simple recommandation : nettoyer les plaies avec un peu de vin, et les recouvrir d'une couche légère de teinture d'aloès. Le moyen est héroïque : il cicatrise très promptement les plaies et repousse, sans exception, toutes les mouches, les petites et les grosses, les carnassières et les pondeuses. »

Les taons ont malheureusement de nombreux émules, comme eux persécuteurs et vampires des estimables bêtes qui travaillent pour nous. Tel est le chrysops aveuglant, dont M. Blanchard admire les yeux brillants comme de l'or, mais que les gens de la campagne détestent pour le mal qu'il fait aux yeux de leurs chevaux. Tels sont les hématopotes, — en bon français, buveurs de sang, — aux ailes semées de taches noires; le stomoxe piquant et le stomoxe stimulant (*stomoxys calcitrans* et *stimulans*), dont les larves vivent dans le fumier, mais qui, à l'état d'insectes parfaits, recherchent avidement le sang frais. Telle est surtout la *mouche plate,* appelée aussi *mouche-araignée, mouche bouvoine, pou volant,* etc., et, plus scientifiquement, hippobosque du cheval (*hippobosca equina*).

Cette mouche a la tête petite, très rapprochée du corselet, qui lui-même est court. Chacune de ses pattes velues est terminée par un double crochet. Son appareil buccal consiste en une gaine cylindrique (*haustellum*) renfermant deux scies aiguës. Elle est beaucoup moins grande que le taon, mais plus avide et plus malfaisante. A l'aide de ses crochets, elle se fixe à la peau de l'animal, choisissant toujours les parties les plus tendres et les moins garnies de poil. Grâce à sa forme aplatie, à la résistance et à l'élasticité de ses téguments, elle ne craint point les coups, et c'est en vain qu'on voudrait l'écraser sur place. Pour l'arracher, il faut la prendre avec les doigts, et l'opération n'est point facile : d'abord, parce que cette damnée mouche est presque insaisissable; ensuite, parce que les mouvements désordonnés de la victime, exaspérée par sa piqûre, font courir de sérieux dangers à l'opérateur. Encore, lorsqu'on réussit à l'appréhender au corps, ne l'arrache-t-on pas toujours entière, tant elle est hermétiquement appliquée et fortement cramponnée à la peau. Ce n'est pas tout : l'hippobosque n'est pas, comme le taon, d'humeur vagabonde. Une fois sur un animal, elle y reste, et ses déplacements sont circonscrits dans un étroit espace. La femelle ne se dérange même pas pour pondre. Elle donne le jour à un être moitié larve, moitié nymphe, à une *pupe* volùmineuse, dont la peau se durcit après la naissance, et qui bientôt se transforme en un insecte parfait. Pour peu que le nouveau venu ait été favorisé par le hasard, il peut fort bien accomplir cette unique métamorphose sur le même animal qu'habite sa mère ; ce qui lui épargne la peine de chercher sa vie : il n'a qu'à piquer et à boire où il se trouve. Le fait est que les malheureux chevaux nourrissent quelquefois des légions de ces odieux épisites, dont le nombre croissant pourrait fort bien s'expliquer par cette reproduction sur place, comme l'admettent plusieurs observateurs.

« Pour tuer la mouche plate, dit M. E. Gayot, il faut la saisir et lui arracher la tête, sans quoi elle échappe et se sauve. Mais l'attraper n'est pas chose aisée : elle ne vole pas à la surface du corps ; elle y court avec une agilité surprenante, en s'aidant tout à la fois des pattes et des ailes ; elle va aussi vite que si elle volait, et déconcerte les poursuivants les plus habiles. Il faut être habitué à sa manière de fuir et de se faufiler sur les points les moins accessibles à l'œil et à la main, pour réussir à la prendre et à ne pas la laisser échapper quand on la tient. Cette difficulté du vol tient à l'absence du balancier sous les ailes ; et cette rapidité de la marche dans tous les sens, même de côté, est due au secours de l'aile. C'est en se déplaçant de la sorte qu'elle inflige aux animaux un agaçant prurit, auquel les plus impressionnables finissent par s'accoutumer, mais qui, avant d'être émoussé par la force de l'habitude, les rend littéralement furieux. »

L'*hippobosca equina,* comme l'indique son nom, s'en prend de préférence au cheval ; mais elle attaque aussi l'âne, le bœuf, le chien, et parfois l'homme même. Une autre espèce du même genre, l'*hippobosca ovina,* ou *melophagus ovis,* est spéciale au mouton. Celle-ci n'a

Troupeau de dromadaires assailli par les débabes.

point d'ailes; ce qui la fait ressembler à une punaise.

J'ai parlé ailleurs[1] de la singulière mouche tsetsé (*glossina morsitans*, famille des muscides), qui habite certains districts de l'Afrique intertropicale, et dont la piqûre, mortelle, dit-on, pour les bœufs, les chevaux et les chiens, serait inoffensive pour l'homme, pour la chèvre, pour les veaux à la mamelle. Ces bizarreries sont jusqu'ici tout à fait inexplicables, et exigeraient de nouvelles observations.

VII

Diptères (suite). — Les œstrides. — Œstrides gastricoles.
— L'œstre gastrique du cheval. —
Œstrides cuticoles. — Les hypodermes. — L'édémagène. — Les cutérèbres.
— Mouches proprement dites. — La lucilie hominivore. —
Autres mouches ennemies.

Bien différentes des terribles tabanides sont les mouches qui constituent la famille des œstrides. A les examiner de près, même à la loupe ou au microscope, on les prendrait pour des bêtes inoffensives; tout au plus importunes par leur bourdonnement et leurs attouchements; du reste, parfaitement inermes. Leur appareil buccal est rudimentaire et comme avorté; point de rostre ni de suçoir : une trompe rudimentaire et de toutes petites antennes, voilà tout. Les hypodermes et les autres œstrides n'ont à l'abdomen, non plus qu'à la tête, ni pointe ni dard : elles ne percent point la peau, et sont incapables de faire directement aucun mal à qui que ce soit. Leur vie de mouche est courte, éphémère; elles ne mangent ni ne boivent et n'ont nul souci d'elles-mêmes. Leur seule occupation, leur unique rôle est de se reproduire et d'assurer l'avenir de leur progéniture. C'est par là qu'elles sont nuisibles, et

[1] *L'Air et le Monde aérien*, IIIᵉ partie, chap. III.

plus nuisibles souvent que les mouches les plus sanguinaires, car leurs larves sont de véritables entozoaires, qui
ne peuvent vivre qu'à la façon des helminthes, dans les
tissus et les organes des animaux supérieurs.

Mais si les œstrides ne piquent point, comment s'y
prennent-elles pour introduire leurs larves dans le corps
de ces animaux? Ici est le côté intéressant de leurs mœurs;
ici se montre le merveilleux instinct, la prévoyante sollicitude qu'on retrouve, du reste, à un degré non moins
élevé chez un très grand nombre d'autres insectes. Elles
n'ont nul besoin d'employer la violence : leurs procédés
sont simples et en apparence benins, comme on va le voir.

Les entomologistes ont partagé les œstrides en trois
groupes, selon le genre de vie de leurs larves : *gastricoles,* habitant l'estomac ou quelque autre partie du tube digestif;
cavicoles, habitant d'autres cavités naturelles du corps;
cuticoles, habitant la peau. Les mouches des deux premiers groupes n'attaquent que les animaux; mais, comme
au premier rang de ceux qu'elles exploitent se trouvent
nos meilleurs serviteurs, nous avons bien le droit de leur
appliquer cette maxime : *Les ennemis de nos amis sont
nos ennemis,* et de ne pas les ménager. Quant aux œstrides
du troisième groupe, elles attaquent habituellement les
animaux domestiques, et il n'est pas rare que l'homme
lui-même devienne leur victime.

Les œstrides gastricoles sont les œstres proprement dits.
On en connaît une douzaine d'espèces au moins, qui représentent la famille dans les diverses parties du monde,
et dont chacune a parmi les mammifères son hôte attitré.
Partout ces mouches inspirent aux animaux qu'elles exploitent une violente aversion. Dans les steppes arctiques,
un seul œstre voltigeant dans l'air suffit pour mettre en
émoi tout un troupeau de rennes. Chez nous, les chevaux
ne montrent pas moins d'inquiétude et de malaise lorsqu'ils entendent bourdonner à leurs oreilles quelqu'un de

ces diptères. Ce n'est pourtant pas sa piqûre qu'ils redoutent; mais ils sentent là un ennemi d'autant plus dangereux qu'il dissimule sous des dehors benins ses intentions
perfides. L'un, l'œstre gastrique, voltige obstinément
autour des flancs, du poitrail et des membres antérieurs.

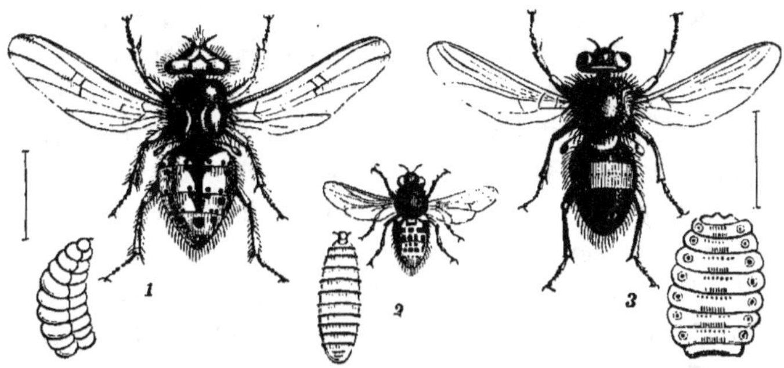

1. Œstre du cheval grossi et sa larve. — 2. Œstre du mouton, gr. nat.
3. Œstre du bœuf, grossi.

De moment en moment il se pose sur un point qu'il a
choisi et dépose un œuf. Cette manœuvre se renouvelle
jusqu'à ce que la ponte soit achevée, c'est-à-dire plusieurs centaines de fois, et les endroits où la mouche
s'arrête sont précisément ceux que le cheval a coutume
de lécher ou de mordiller fréquemment. Elle compte
qu'ainsi quelques-uns de ses œufs seront avalés; ce qui
a lieu en effet. Parvenus dans l'estomac, les œufs ne
tardent pas à éclore. Les larves qui en sortent sont
des vers apodes, au corps ovalaire allongé et déprimé,
formé d'une dizaine d'articles, dont les sept ou huit premiers sont garnis de poils raides et courts. La bouche est
elle-même armée de deux forts crochets recourbés. A l'aide
de ces crochets et de ces poils, le vampire se fixe solide-
ment à la muqueuse de l'estomac, et de préférence vers
la partie supérieure. Cette place est toujours prise par les
premières larves écloses. Celles qui viennent ensuite s'établissent plus bas sur les côtés de l'estomac, ou, faute de

meilleure place, dans le duodénum. La préférence de ces larves pour la région supérieure de l'estomac est facile à expliquer, et fait le plus grand honneur à leur sagacité. Elles savent que là elles seront plus tranquilles que partout ailleurs. Les médicaments insecticides qu'on pourra administrer au cheval ne feront tout au plus que les effleurer au passage, et rien ne les forcera de lâcher prise avant le moment convenable. Ce moment est celui où elles sentent que leur métamorphose est proche. Elles se laissent alors tomber; elles sont entraînées avec les aliments, et parcourent toute la longueur du canal intestinal, pour être enfin rejetées avec les fèces. Une fois dehors, elles se dégagent prestement du crottin qui les enveloppe, vont s'enfouir dans la terre, se transforment en nymphes et attendent là tranquillement le jour où, devenues mouches, elles pourront prendre leur essor.

Lorsque les œstres sont en petit nombre, l'animal qui les loge et les nourrit n'en paraît pas sensiblement incommodé. Mais, s'il a eu le malheur d'absorber beaucoup d'œufs, tout l'estomac et souvent une partie du duodénum sont envahis. On a trouvé jusqu'à sept cents larves dans l'estomac d'un seul cheval.

Il n'en faut pas tant pour que la pauvre bête dépérisse rapidement. La nutrition ne s'effectue plus que péniblement et imparfaitement; le poil se ternit et se hérisse; le regard s'obscurcit, les muscles s'émacient, le ventre se rétracte, en même temps que les membres se tuméfient par l'infiltration séreuse du tissu cellulaire. Les piaffements de l'animal, son attitude anormale et les contractions spasmodiques de son ventre accusent un malaise profond. Plus d'un succombe avant que ses vampires internes l'aient quitté; car leur séjour dans l'estomac est de dix à onze mois; et le pis est qu'ils se renouvellent.

Le groupe des œstrides cuticoles comprend les genres hypoderme, édémagène et cutérèbre.

Les hypodermes n'ont point de trompe ni de palpes distincts, et leur cavité buccale, très petite, a la forme d'un Y. On ne connaît bien qu'une seule espèce de ce genre. C'est l'hypoderme du bœuf (*hypoderma bovis*), long de 11 à 12 millimètres, au corps noir et velu , aux ailes brunes. Cette mouche dépose ses œufs sur le dos et les flancs des bœufs. Ses larves pénètrent sous la peau, et y provoquent la formation de foyers purulents où elles trouvent une nourriture selon leur goût. Ces foyers con-stituent des tumeurs qui vont grossissant jusqu'à atteindre les dimensions d'une petite pomme. La larve de l'hypoderme a le corps partagé en onze segments garnis d'épines plates et triangulaires. La durée de sa vie et, par conséquent, de son séjour dans la peau, est de huit à dix mois. Quand approche l'époque de la métamorphose, elle sort à reculons de sa retraite, se laisse tomber à terre et se creuse un trou pour y accomplir ses deux transformations en nymphe, puis en insecte ailé. Lorsque les larves sont sorties, la tumeur qui leur servait d'habitation s'affaisse; l'orifice qui existait au sommet se cicatrise, et la guérison s'effectue assez promptement. Le mal, en somme, n'est pas bien grand, à moins que les tumeurs ne soient très nombreuses, et le traitement est facile. Néanmoins la présence des hypodermes au moment de la ponte, — c'est toujours en été, — cause aux bœufs et aux vaches une terreur et une agitation poussée quelquefois jusqu'à la fureur, et qui jette souvent le plus grand désordre parmi les troupeaux. L'édémagène (*œdemagena tarandi*) est l'hypoderme du renne. Antoine Desmoulins assure qu'un seul suffit pour rendre furieux un troupeau de plus de mille rennes. Comme c'est alors (en été), dit cet auteur, l'époque de la mue, ces insectes peuvent déposer leurs œufs sur la peau , où les larves se logent et multiplient à l'infini des foyers de suppuration sans cesse renaissants. »

Les cutérèbres (perceurs de peau) nous intéressent d'une manière plus directe que les autres espèces de la même famille; car, non contentes de tourmenter les animaux, elles attaquent aussi l'homme. Ce n'est, il est vrai, que dans le nouveau monde qu'elles montrent cet excès d'audace. Ces diptères n'existent pas en France. On n'en connaît que deux espèces européennes, qui habitent la Russie, et ne font de mal qu'aux lièvres et aux lapins. Mais les espèces américaines sont nombreuses. On en compte une douzaine, dont trois sont propres à l'Amérique septentrionale; les autres vivent au Guatemala, en Colombie, à la Guyane, au Brésil, au Pérou, en Patagonie. Les bœufs, les chiens, — pour ne parler que des animaux domestiques,— sont très sujets à en être infestés. Les larves s'introduisent sous la peau, comme celles des hypodermes, ou dans les narines, comme les larves de céphalémyies.

A la Guyane, les créoles désignent ces larves sous le nom de *macaques;* au Brésil, dans la province de Rio-Villas, on les nomme *bernes*. Arture, qui était médecin du roi à Cayenne, fit connaître, en 1753, à l'Académie des sciences de Paris, que dans cette colonie les gens malpropres et peu vêtus étaient souvent affectés de tumeurs assez volumineuses, remplies de larves d'œstrides; mais qu'on tuait facilement ces vers en appliquant des feuilles de tabac sur les tumeurs. Humboldt a observé des tumeurs semblables, chez les Indiens, sur la région abdominale. Des observations identiques ont été recueillies, dans la Nouvelle-Grenade et au Brésil, par M. Roulin et par le docteur d'Abreû. Ce dernier a constaté que les individus ainsi envahis par les cutérèbres avaient de la fièvre et de la céphalalgie. Il ajoute qu'on fait périr les larves au moyen d'un emplâtre d'une certaine résine, et qu'on les extrait ensuite par la pression. M. Justin Goudot a imposé le nom de *cuterebra noxialis* à une œstride qu'il a étudiée en Colombie, et qui attaque indifféremment le bœuf, le chien et l'homme. Il a eu lui-même des larves de cette mouche. Il en a volontairement conservé une sur sa cuisse pendant une quinzaine de jours, et a remarqué l'espèce de succion qu'elle opérait, principalement le matin et le soir. Il compare la douleur qu'il éprouvait à celle que produirait une forte piqûre d'aiguille.

Des larves plus petites que celles des cutérèbres ont été trouvées sur l'homme, soit dans les cavités naturelles, — particulièrement dans les narines, — soit dans des plaies, à la Martinique, au Mexique et dans diverses contrées de l'Amérique centrale et méridionale. Ces larves appartenaient, selon toute probabilité, non à une cutérèbre ni à aucune autre œstride, mais à une mouche proprement dite (famille des muscides), la lucilie hominivore ou nuisible (*lucilia hominivorax*, Coquerel; *L. noxialis*, Layet). On doit à M. le docteur Layet, un des médecins de l'expédition française au Mexique, une excellente Notice relative à cette mouche et à sa larve [1]. M. Layet a soigné, en 1866, à l'hôpital de la Vera-Cruz, un soldat mexicain qui avait les fosses nasales remplies de larves de *lucilia*. On en fit sortir une centaine par des injections au chloroforme. La sûreté et la rapidité de ce moyen méritent d'être signalées. Les larves, logées dans les méats et les anfractuosités des fosses nasales, se détachent et tombent promptement sous l'action à la fois irritante et anesthésique du chloroforme.

Yeux très rapprochés en arrière; thorax bleu, à reflets verts; abdomen bleu, rayé de pourpre; longueur totale, un centimètre; pattes noires : tel est, à peu près, le signalement de la lucilie hominivore. Je dis « à peu près », parce que les descriptions qui en ont été données ne s'accordent pas entièrement, et pourraient se rapporter sinon à des espèces, du moins à des variétés distinctes. Quoi

[1] *Archives de la médecine navale*, dirigées par M. le Dr Le Roy de Méricourt, t. XI, page 137. Février 1869.

qu'il en soit, M. Layet s'élève, non sans raison, contre
cette épithète sinistre d'*hominivorax* qu'on a appliquée
à la mouche dont il s'agit, et qui ferait croire que ce
diptère est l'ennemi personnel du genre humain. « Il est
évident, dit-il, qu'on ne saurait regarder comme parasites des insectes qui ne s'introduisent qu'accidentelle-

Mouche hominivore, grossie.

ment dans notre organisme,
et qui n'y pénètrent que par
les voies de communication
extérieures. Or ce n'est que
d'une manière accidentelle,
et comme par surprise, que
ces mouches viennent déposer
leurs œufs dans les cavités

naturelles; et la *lucilia* de Coquerel, la *musca vomitoria*
de Linné, la *musca Cæsar,* ou mouche dorée de nos pays,
sont susceptibles, les unes autant que les autres, de faire
éclore leurs larves dans les fosses nasales ou dans toute
autre voie naturelle, et de causer les ravages les plus
étendus. D'un autre côté, la qualification d'hominivore
semble indiquer que cette espèce s'attaque plus particulièrement à l'homme; ce qui ne saurait être vrai, puisqu'on a rencontré de ces larves dans les cavités naturelles
du bœuf, du mouton, du cheval, etc. Je crois donc devoir
proposer le nom de *lucilia noxialis* (mouche nuisible);
ce qui ne présumerait en rien de sa tendance à nuire à
l'homme plutôt qu'à telle autre espèce animale. »

On peut aller plus loin que M. Layet, et faire valoir
contre le nom spécifique qu'il propose les mêmes raisons
qui lui semblent devoir faire abandonner l'épithète d'*hominivorax,* appliquée par M. Coquerel à la mouche de
Cayenne. En effet, si cette épithète donne à entendre que
la mouche de Cayenne est plus hostile qu'une autre au
genre humain, celle de *noxialis* ferait croire que le même
diptère est plus nuisible qu'aucun autre de la même fa-

mille. Or, en réalité, il n'est pas une seule espèce de mouche qui ne puisse être qualifiée *noxialis* aussi justement que la prétendue hominivore de l'Amérique. Toutes sont des bêtes essentiellement nuisibles, incommodes,

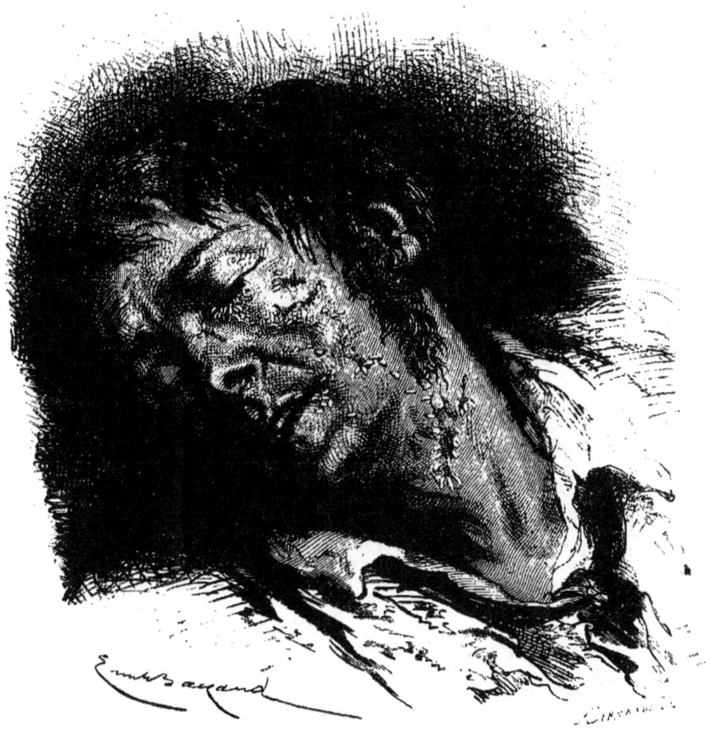

Tête d'homme envahie par des larves de mouche.

importunes, dangereuses même. La plus inoffensive, la petite mouche domestique, qu'on pourrait appeler la mouche *touche-à-tout*, pullule dans nos habitations, nous obsède de son bourdonnement et de ses agaceries obstinées, salit nos meubles et notre linge, infeste nos aliments de ses œufs et de ses larves. Les mouches plus grosses : *musca vomitoria*, *carnaria*, *Cæsar*, déposent leurs œufs sur les parties dénudées de la peau ou sur les muqueuses de l'homme, et leurs larves envahissent rapidement les chairs vivantes. On cite maint exemple de ce fait pathologique, que quelques médecins ont considéré comme une affection *sui generis,* et qu'ils ont désignée sous le nom de *myasis.* Des ivrognes, des blessés, d'innocents dormeurs sont devenus ainsi la proie des larves de mouches; et telle est la gravité des ravages causés par ces bêtes grouillantes et dévorantes, que les secours arrivent presque toujours trop tard, et que le malade succombe dans les plus atroces souffrances.

Ce n'est pas tout : les mouches deviennent souvent les agents de propagation des maladies charbonneuses et de la pustule maligne. Toutes les mouches sont donc des êtres malfaisants, des ennemis-nés de nos serviteurs et de nous, et je voterais sans scrupule leur proscription en masse si, dans la pratique, cette mesure impitoyable, mais juste, ne rencontrait des difficultés d'exécution à peu près insurmontables. Les pièges qu'on leur tend, les appâts meurtriers, la mort aux mouches sont des moyens plus qu'insuffisants. On détruit quelques douzaines de mouches chaque jour; mais on en attire des centaines, tandis qu'il faudrait, au contraire, les éloigner. N'oublions pas, d'ailleurs, que les substances vénéneuses qu'on emploie pour les tuer peuvent devenir dangereuses pour nous et les nôtres. Il n'est pas rare de voir les enfants, qui ont la déplorable manie de vouloir goûter de tout, et singulièrement de ce qui leur est le plus sévèrement interdit, avaler de ces compositions phosphorées ou arsenicales, qu'on a coutume d'incorporer dans du miel ou dans du sirop, pour mieux tenter la gourmandise des mouches. Ces compositions ont encore, comme le fait judicieusement observer M. E. Gayot, l'inconvénient de ne pas tuer les insectes sur place. Ceux-ci voltigent encore quelque temps à droite et à gauche, puis tombent dans les mets que nous mangeons : dans le verre où nous buvons ; ce qui n'a rien de ragoûtant.

On a recours, dans quelques pays, au *quassia amara* en poudre humectée ou en dissolution. Le *quassia*, dit-on, est un poison mortel pour les mouches. Pour l'homme, loin d'avoir aucune propriété toxique, c'est un apéritif, un tonique des plus salutaires. Voilà un grave inconvénient d'évité. Mais, pour que les mouches viennent s'empoisonner avec la dissolution ou la poudre de *quassia*, il faut y ajouter quelque chose qui les affriande, qui les attire ; d'où il suit qu'à mesure que les unes périssent, d'autres, en plus grand nombre, viennent les remplacer. On ne fait que *changer de mouches* ; et c'est le cas d'appliquer le mot de Jocrisse : « Il y en a toujours autant ; mais ce ne sont pas les mêmes. »

LIVRE IV

LES MYRIAPODES

ET LES SCORPIONS

I

Myriapodes. — Diplopodes. — L'iule terrestre. — Chilopodes.
— La scutigère commune. — Le *geophilus Gabrielis*. — Les lithobies. —
Les scolopendres. — La scolopendre insigne
et les autres scolopendres des tropiques. — Accidents causés
par les myriapodes d'Europe.

De tous les animaux qui s'élèvent dans l'air,
Qui rampent sur la terre ou nagent dans la mer,

les myriapodes et les arachnides sont, je crois, ceux qui
nous inspirent le plus d'aversion. C'est au point que des
personnes nullement suspectes de pusillanimité, capables
d'affronter d'un cœur intrépide des dangers sérieux, ne
peuvent maîtriser l'horreur et l'effroi qu'elles éprouvent
en présence d'une araignée, d'un mille-pieds ou d'un scorpion. C'est là une faiblesse où la nature humaine est sans
doute pour beaucoup, mais où l'ignorance est aussi pour
quelque chose. Les articulés dont nous parlons ont un aspect repoussant, je n'en disconviens pas ; leur contact
répugne, c'est mon avis ; plusieurs font des blessures en-
venimées, cela est certain. Toutefois l'antipathie et la

proscription qui s'étendent indistinctement à tous ces animaux sont aveugles ou injustes. Beaucoup, en effet, sont
nos alliés; plusieurs sont au moins inoffensifs; ceux que
nous avons réellement lieu de craindre sont en petit
nombre, et d'ailleurs moins dangereux qu'on ne le croit
communément. Nous nous occuperons seulement ici de
ces derniers. Mais d'abord commençons par assigner à
ces animaux leur place dans la série zoologique.

Il n'est presque personne qui, en parlant d'une araignée, d'un scorpion, d'une scolopendre, ne dise, en
croyant très bien dire : « Cet insecte. » L'erreur est assurément moins grosse que celle de la Fontaine, appliquant la
même dénomination à un serpent [1], ou celle de l'Académie
française, qui, dans son vénérable dictionnaire, dit, au
mot *Écrevisse :* « Poisson de l'ordre des crustacés, etc. »
Les savants eux-mêmes ont, du reste, pendant longtemps
rangé les mille-pieds, les araignées, les acares, les scorpions parmi les insectes. On a changé récemment tout
cela. En étudiant attentivement leurs caractères anatomiques et physiologiques, on a jugé nécessaire d'instituer
pour eux, dans l'embranchement des articulés, deux nouvelles classes : celle des myriapodes et celle des arachnides; et cette séparation est aujourd'hui admise sans con-
teste par tous les naturalistes.

Les myriapodes n'ont pas *dix mille* pattes, comme ce
nom semble l'indiquer; ils n'en ont même pas mille, bien
qu'on les appelle vulgairement *mille-pieds;* les mieux
pourvus sous le rapport des organes de locomotion n'en
ont guère plus de trois cents, ce qui est déjà bien joli.
Le très grand nombre de leurs pattes, attachées par
paire ou double paire à chacun des articles dont se compose leur corps, n'en constitue pas moins un caractère

---

[1] Dans *le Serpent et le Bûcheron :*

L'*insecte* sautillant cherche à se réunir.

essentiel pour les faire distinguer à première vue des autres animaux que l'on englobait autrefois avec eux dans
l'appellation générale d'insectes. Ils se rapprochent cependant des insectes vrais par leur organisation interne
et par la conformation de leur appareil buccal. Mais,
tandis que chez les insectes le corps présente toujours
deux parties bien distinctes, dont la première, le thorax,
porte seule les ailes, ou les rudiments d'ailes, et les
pattes, au nombre de six invariablement, il est impossible de distinguer chez les myriapodes des anneaux tho-
raciques et des anneaux abdominaux. Tous leurs segments, — en nombre variable et souvent très grand, —
sont pareils et munis également de pattes; il n'y a jamais
trace d'ailes. Les myriapodes diffèrent encore des insectes
par leur mode de développement. Ils ne subissent pas de
métamorphoses proprement dites. Ils ne passent point
par des états analogues à ceux de larve, de nymphe et
d'animal parfait. Tout se réduit pour eux à l'accroisse-
ment successif du nombre de leurs segments et de leurs
pattes, jusqu'à ce qu'ils aient atteint l'âge adulte.

M. P. Gervais partage la classe des myriapodes en
deux sous-classes, comprenant. l'une, ceux qui ont deux
paires de pattes à chaque article (diplopodes); l'autre,
ceux qui n'en ont qu'une (chilopodes). Dans la première
(chilognathes ou chiloglosses de Latreille, iules de de
Geer), sont comprises les trois familles des iules, des
polyxènes, des glomérides. L'iule terrestre (*iulus terres-
tris*) est très commun dans les champs et dans les jardins,
où il vit caché sous la terre, mais à une très faible profondeur. Il ressemble à un gros ver à peu près cylindrique,
d'un noir bleuâtre sur le dos, jaunâtre sur les bords,
muni d'une multitude de toutes petites pattes, sur lesquelles il court rapidement. Lorsqu'on veut le prendre,
il glisse et s'échappe en se contournant en spirale. C'est
un animal inoffensif, qui ne se nourrit guère que de ma-

tières végétales en décomposition. Il paraît cependant qu'il attaque quelquefois les jeunes pousses des plantes.

La sous-classe des chilopodes se divise en quatre familles : les scutigères, les géophiles, les lithobies et les scolopendres. On rencontre fréquemment, en France, la scutigère commune, qui court sur les murs des jardins, et même dans les appartements, où elle se loge sous les boiseries. Ce myriapode est reconnaissable à la longueur de ses pattes. Loin d'avoir rien de redoutable, il est d'une extrême fragilité, et se casse dès qu'on le touche.

On connaît au moins cinquante espèces de géophiles, dont quelques-unes sont presque microscopiques. La plus grande, parmi celles de nos contrées, est le *geophilus Gabrielis*, qui possède de cent cinquante à cent soixante paires de pattes, réparties sur une longueur de 15 à 18 centimètres. Les géophiles vivent dans le sol humide des bois et des jardins, parmi les feuilles mortes et les mousses. Les lithobies sont ces petits mille-pieds qu'on trouve si fréquemment sous les pierres et sous les pots à fleurs, en compagnie des perce-oreilles. Leur corps, de couleur rouge-brun, est formé de vingt à quarante articles. Ils sont carnassiers, ainsi que les autres chilopodes ; mais leur morsure n'a d'action que sur les très petits animaux.

On n'en peut pas dire autant des scolopendres, qui sont la famille terrible de la classe. Les scolopendres ont ordinairement vingt et une paires de pattes : la dernière plus longue que les autres, et armée de crochets qui en font un organe propre à saisir et à retenir une proie. La tête est munie de deux longues antennes et d'un appareil buccal formidable, avec deux paires de pattes-mâchoires, dont une, formant ce qu'on nomme les *forcipules*, se termine par des crochets aigus qui inoculent par leur morsure une liqueur toxique. Les espèces de cette famille sont fort nombreuses. Il en existe dans les régions tempérées ; mais la plupart habitent de préférence les pays chauds,

et c'est là qu'elles acquièrent les plus grandes dimensions
et que leur venin a le plus d'activité. On en trouve en
Provence une espèce (*scolopendra cingulata* ou *morsitans*)
dont la morsure occasionne, dit M. P. Gervais, un état

1. Iule terrestre. — 2. Scolopendre insigne.

fébrile, des frissons et parfois un malaise qui dure jusqu'à vingt-quatre heures. Le docteur Bertrand d'Hers a
raconté, dans sa thèse inaugurale, qu'en 1843 M. Robe-
lin, appariteur à la faculté des sciences de Montpellier,
cherchant des insectes aux environs de cette ville, et ayant
voulu prendre une scolopendre cingulée, longue d'envi-

ron 11 centimètres, fut mordu au doigt médius. La douleur qu'il ressentit lui fit aussitôt lâcher prise, et il dut tenir son bras en écharpe pour rentrer à Montpellier. Du doigt blessé, l'enflure gagna rapidement toute la main et l'avant-bras. La piqûre fut cautérisée; malgré cela, les symptômes persistèrent pendant près de huit jours.

« Je me rappelle, dit Moquin-Tandon, qu'en 1826 un élève en médecine, dans une herborisation à Maguelonne, fut mordu au doigt, qu'il ressentit une douleur assez violente, et que son doigt enfla sensiblement; mais il n'y eut pas d'autre mal. Le lendemain, le doigt avait repris son état habituel; il offrait seulement une tache un peu livide à l'endroit des deux piqûres. »

Les grandes scolopendres des tropiques, telles que la scolopendre insigne (*scol. insignis,* P. Gervais) des Antilles, qui a vingt centimètres de long, sont redoutées presque à l'égal des serpents venimeux. Il paraît cependant établi que la crainte qu'elles inspirent est exagérée, et que, si leur morsure détermine, en effet, des accidents d'une certaine gravité, il est au moins très rare que ces accidents aient une terminaison funeste. Il faut pour cela que la morsure soit faite dans des conditions exceptionnellement malheureuses, comme il arriva en 1828, à Cayenne, à un officier dont le cas est cité par Moquin-Tandon, d'après V. Mougeot. Cet officier, sortant d'une salle de bal, eut l'imprudence de boire de l'eau à une cruche qui se trouva sous sa main dans l'obscurité. Une scolopendre, logée dans le goulot de la cruche, pénétra dans sa bouche et s'accrocha par ses forcipules au pharynx avec tant de force, que le chirurgien ne put l'arracher que par morceaux. Le gosier devint aussitôt le siège d'une enflure énorme accompagnée d'accidents nerveux, et le blessé succomba après quelques heures de cruelles souffrances. Dans les circonstances ordinaires, l'enflure et la douleur, très intenses au début, se dissipent spontanément au bout de deux ou trois jours, même en l'absence de tout traitement. La cautérisation au fer rouge, ou simplement des lotions ammoniacales, ont facilement raison de ces symptômes, plus effrayants que dangereux.

Ordinairement inoffensifs, en ce sens que les morsures qu'ils nous font sont à peine sensibles, les petits myriapodes de nos contrées peuvent cependant nous jouer de très mauvais tours, par suite de leur tendance à rechercher les cavités étroites, sombres et humides. Cette habitude les porte quelquefois à s'introduire, par exemple, dans les fosses nasales, et de là dans les sinus frontaux, dans les orbites. Ils peuvent séjourner là pendant longtemps, et y produire des lésions et des désordres d'autant plus graves, que non seulement il est fort malaisé de les déloger, mais que le plus souvent même on ne soupçonne point du tout la cause du mal. MM. P. Gervais et Van Beneden rapportent, dans leur *Zoologie médicale*, plusieurs exemples de cette sorte d'*endositisme*. En voici un, emprunté par ces savants auteurs à M. Al. Lefèvre :

« La femme d'un peintre en bâtiments, nommé Lévolle, demeurant à Paris, ressentait depuis plusieurs années de violents maux de tête, principalement dans la région des sinus frontaux, où elle assurait sentir un être vivant se mouvoir. Malgré l'incrédulité générale avec laquelle on recevait une semblable assertion, elle n'en continuait pas moins d'affirmer la présence d'un corps étranger, qu'elle sentit bientôt se fixer vers un œil; après des douleurs atroces, cet organe cessa ses fonctions. L'autre œil fut ensuite attaqué. Enfin, au bout de plusieurs années de souffrances continues qui privaient la malade de tout sommeil, ce corps étranger mouvant lui parut se fixer entre les deux yeux; de vives démangeaisons, accompagnées de fréquentes envies d'éternuer, se manifestèrent, et un matin, après avoir éternué à plusieurs reprises et rendu quelques gouttelettes de sang, elle sentit couler, avec ce liquide, comme un petit ver, qu'elle recueillit dans son mouchoir. C'était une scolopendre, de la longueur de deux pouces environ et de la grosseur d'un très gros fil. Dès cet instant, les douleurs cessèrent; la malade recouvra le sommeil, et éprouva un bien-être général dont elle n'avait pas joui depuis tant d'années. »

Un cas analogue, fourni également par une femme, a été observé en 1827 par M. Scoutetten. Le *sujet* était une jeune fermière des environs de Metz, affectée en même temps d'une migraine continuelle très violente et d'une sorte de coryza chronique; le tout accompagné de symptômes bizarres. C'était tantôt un fourmillement incommode, accompagné d'une abondante sécrétion de mucus sanguinolent et fétide; tantôt une douleur lancinante plus ou moins aiguë, ou une lourdeur de tête presque comateuse. Les yeux étaient sans cesse larmoyants, et de temps à autre survenaient des nausées et des vomissements. Quelquefois les douleurs étaient telles qu'il semblait à la malade qu'on lui frappait la tête à coups de marteau, ou qu'on lui perforait le crâne. Alors la face se décomposait, les mâchoires se serraient comme dans un accès tétanique; les yeux ne pouvaient supporter la lumière, et le moindre bruit produisait sur l'ouïe une sensation intolérable. Souvent la pauvre femme était prise de délire, et serrant sa tête entre ses mains, courait çà et là, ne sachant où se réfugier. « Ces crises, dit M. Scoutetten, se renouvelaient cinq ou six fois dans la nuit et autant dans la journée; une d'elles dura quinze jours presque sans interruption. Aucun traitement méthodique ne fut employé. Enfin, après une année de souffrances, cette maladie extraordinaire fut subitement terminée par l'expulsion d'un *insecte,* qui, jeté sur le plancher, s'agitait avec rapidité et se roulait en spirale; placé dans un peu d'eau, il y vécut plusieurs jours; il ne périt que lorsqu'il fut mis dans l'alcool. »

Cet *insecte*, de couleur jaune, long de plus de deux
pouces et formé de soixante-quatre anneaux, portant chacun une paire de pattes, fut soumis à l'examen de deux
entomologistes, MM. Hollandre et Roussel, qui le recon-
nurent pour être une *scolopendre électrique* (Linné), c'est-
à-dire, d'après la nouvelle nomenclature, un *geophilus car-
pophagus*. Ce myriapode a la propriété de sécréter une
matière phosphorescente; d'où l'épithète d'*électrique* que
Linné lui avait imposée. Il se tient d'ordinaire au jardin;
mais il pénètre aussi quelquefois dans la maison, — et
même dans le nez des gens, comme on vient de le voir.

II

Les scorpions. — Le scorpion flavicaude. — Le scorpion occitanien. —
Le scorpion tunisien, ou scorpion funeste.

Un Parisien de mes amis, revenant d'une excursion
dans les départements du Midi, me racontait un jour,
comme la plus saisissante de ses impressions de voyage,
la terreur qu'il éprouva un soir, à Avignon, je crois, en
trouvant sous son oreiller un scorpion gros comme le
bout du doigt ! Il crut faire un acte de courage en saisissant l'animal avec des pincettes pour l'écraser sous son
pied. Il visita minutieusement, avant de se coucher, son
lit et tous les coins de sa chambre, et, malgré toutes ces
précautions, il ne put de la nuit fermer l'œil. « Je l'avais
échappé belle ! » s'écria-t-il en terminant son récit.

Telle est, en effet, l'idée épouvantable qu'on se fait
des scorpions partout où ils n'existent pas. On conçoit
à peine la possibilité d'habiter un pays infesté de ces hor-
ribles bêtes, dont on croit la piqûre tout aussi dangereuse
que celle des plus mauvaises vipères. Et lorsqu'on est
conduit dans un tel pays, on est tout étonné de voir que

les gens s'y occupent beaucoup de leurs affaires et de leurs
plaisirs, et fort peu des scorpions, et qu'on n'y entend
presque jamais parler d'accidents graves causés par la
piqûre de ces arachnides. C'est que les dangers de cette

Le voyageur et le scorpion.

piqûre ont été considérablement exagérés, et cela souvent
à dessein, par les auteurs d'anecdotes émouvantes, de
voyages romanesques et d'autres récits de fantaisie. Ce
que nous apprennent, au contraire, les naturalistes, les
observateurs sérieux, est tout à fait rassurant, et nous

montre que les scorpions ne sont pas à beaucoup près aussi redoutables qu'on nous l'a fait accroire.

M. le docteur Guyon, qui a longtemps habité l'Algérie, s'est livré à des observations nombreuses, à des recherches expérimentales et statistiques touchant les effets de la piqûre du scorpion, qui se trouve en très grande abondance dans la région méridionale de notre colonie. Il a communiqué à l'Académie des sciences, en 1852, 1864 et 1867, des mémoires qui contiennent des faits intéressants et originaux, et que je vais mettre à contribution pour ce chapitre, après avoir toutefois rappelé les prinpaux traits de l'histoire naturelle du scorpion.

M. Guyon appelle les scorpions des insectes. Appellation surannée : ces articulés appartiennent à la classe des arachnides, que les naturalistes ont depuis longtemps séparée de celle des insectes. L'ordre des scorpionides lui-même comprend, outre les scorpions proprement dits, deux ou trois autres familles distinctes (télyphonides, phrynides, chéliférides), dont nous n'avons pas à nous occuper. La famille des scorpionides, disons plus simplement des scorpions, est elle-même composée d'un très grand nombre de genres et d'espèces, répandus dans les cinq parties du globe, mais seulement dans les contrées chaudes ou du moins très tempérees.

Les scorpions ont des dimensions en général supérieures à celles des autres arachnides. Leur longueur totale varie de 5 à 10 centimètres environ. Leur corps présente deux parties assez faciles à séparer : le céphalo-thorax, qui porte les yeux, les appendices buccaux et les pattes, et l'abdomen, qui se termine par un prolongement en forme de queue. Leurs pattes sont au nombre de dix, dont huit pour la locomotion, et deux dites *pattes-mâchoires,* qui sont pourvues de pinces semblables à celles des crabes et des homards. La queue porte à son extrémité un appareil formé d'une poche et d'un aiguillon crochu. La poche renferme

une double glande où se trouve en réserve un venin qui,
lorsque l'animal se sert de son aiguillon, s'échappe par
deux petits orifices terminaux et pénètre dans la plaie.
Telle est l'arme à l'aide de laquelle le scorpion combat
ses ennemis, tue ou engourdit sa proie.

Tous les scorpions sont venimeux; mais ils le sont plus

Scorpion flavicaude d'Europe.

ou moins, et il n'y a qu'un petit nombre d'espèces dont
la piqûre soit réellement dangereuse pour l'homme et pour
les animaux de grande taille. On ne trouve en Europe
que deux espèces de scorpions, limitées l'une et l'autre
à la région méditerranéenne. La plus petite est aussi la
plus commune et la moins à craindre : c'est le scorpion
flavicaude (*scorpius flavicaudus*), dont la piqûre n'est
guère plus grave que celle d'une abeille. Sa longueur ne
dépasse pas 5 centimètres. L'autre espèce est le scorpion
occitanien (*scorpius* ou *androctonus occitanus*), assez répandu en Espagne et en Italie, mais confiné en France
dans quelques localités restreintes des départements du
Gard, de l'Hérault et des Pyrénées-Orientales. Les suites
de la piqûre faite par le scorpion ne sont jamais à craindre : l'eau ammoniacale en a promptement raison, et même
en l'absence de tout traitement, le blessé en est quitte
pour une enflure passagère et pour des douleurs assez
vives, mais qui se dissipent d'elles-mêmes. En Algérie,

on retrouve le scorpion flavicaude et le scorpion occitanien, et ce dernier est, dit-on, l'auteur de la plupart
des accidents dont nos so'dats ont à souffrir dans les
camps.

Mais l'Algérie nourrit encore deux autres espèces : le

Scorpion funeste d'Algérie.

scorpion palmé (*bulbus palmatus*) et le scorpion tunisien
ou *funeste* (*scorpio tunetanus* ou *androctonus funestus*).
Ce dernier passe pour le plus dangereux de toute la famille, bien qu'on ne doive pas prendre à la lettre son
sinistre nom générique d'*androctonus* (tueur d'hommes),

non plus que son épithète spécifique de *funestus*. Il est commun dans la région de Tunis, dans la haute Égypte et dans toute la région saharienne. On le rencontre assez fréquemment aux environs de Biskara, de Tuggurth, etc. Sa longueur, non compris les pattes-mâchoires, est d'au moins 10 centimètres. Il inspire une terreur extrême aux Arabes, qui racontent à son sujet les histoires les plus terribles, et assurent qu'il fait chaque année parmi eux d'innombrables victimes. Il y a dans ces terreurs et dans ces récits beaucoup d'exagération.

C'est à ce scorpion que se rapportent les recherches de M. Guyon. Ce savant médecin a pris à tâche de démontrer la léthalité de la piqûre de l'*androctonus funestus*. Il reconnaît néanmoins, dans sa note du 26 septembre 1844, « que la mort par cette piqûre est rare pour l'homme; que sur *cent* piqûres, par exemple, elle ne s'observe qu'*une* fois. » Une fois sur cent, c'est encore trop sans doute; mais cela n'a rien de bien effrayant, surtout si l'on remarque : 1°, comme cela résulte des exemples mêmes cités par M. Guyon, que les victimes sont presque toujours des enfants arabes qu'on laisse errer au dehors sans surveillance, et qui, piqués, ne reçoivent la plupart du temps aucun secours ; 2° que, depuis l'occupation française, tous ou presque tous les individus, quel que fût leur âge, qui ont eu recours à temps à l'assistance de nos médecins et chirurgiens, ont été sauvés par la simple application de l'eau ammoniacale, de l'huile ou d'autres médicaments qu'il est facile de se procurer; 3° que nos soldats, qui sont à même de recevoir promptement les soins nécessaires, ne redoutent pas plus l'*androctonus funestus* que les petits scorpions dont j'ai parlé ci-dessus. Notons encore que la mort des personnes piquées est souvent due non aux accidents produits par la force du venin, mais à ceux qui peuvent résulter d'une lésion peu grave en elle-même, lorsque cette lésion intéresse des parties voi-

sines d'organes essentiels à la vie : par exemple, la tête,
la langue, la poitrine, ou seulement les membres supérieurs.

En septembre 1864, M. Guyon avait réuni dans un tableau les principaux cas mortels bien authentiques dont
il avait eu connaissance pendant son séjour en Algérie.
Ces cas, au nombre de onze, portaient sur quatre hommes, dont trois encore adolescents, quatre jeunes femmes
et trois enfants du sexe masculin. Il ressort de ce tableau
« que les enfants sont ceux qui offrent le plus de cas de
mort ; qu'après eux viennent les femmes... ; que, parmi
les adultes, ceux qui offrent le plus de cas de mort sont
ceux piqués à la tête, cas dans lequel la mort peut être
considérée comme produite par une extension au cerveau
de la tuméfaction locale à laquelle la piqûre donne généralement lieu...

« Nous ferons remarquer, ajoute M. Guyon, que cette
extension de la tuméfaction locale aux parties voisines
n'est peut-être pas moins à craindre pour les organes
renfermés dans la poitrine. Ainsi la mort des deux femmes
qui figurent dans le tableau précité, et dont l'une avait
été piquée au dos et l'autre au-dessous du sein, pouvait
reconnaître pour cause l'extension du désordre local aux
organes de la poitrine. »

M. Guyon cite dans le même mémoire deux cas de mort
chez des enfants arabes, piqués à la main par l'*androctonus funestus*. L'un de ces enfants, âgé de dix ans, était
le fils du caïd d'El-Assafia. Il fut piqué un matin vers huit
heures ; le lendemain, à midi, il succombait. L'autre,
âgé de trois ans seulement, avait pour père le célèbre
caïd Tedjini, rival d'Abd-el-Kader. Ce Tedjini racontait
lui-même la mort de son fils devant M. Guyon, et ne comprenait pas l'intérêt que les Européens prenaient à son
récit. — « La mort par le scorpion, disait-il, est fréquente
dans notre pays, et nous en avons toujours des cas cha-

que année, tantôt sur un point, tantôt sur un autre. »

Dans sa note du 20 mai 1867, M. Guyon rapporte trois exemples de piqûre par le scorpion tunisien : encore trois enfants, dont deux moururent. Celui qui guérit était un enfant européen. Ce fut seulement quelques heures après l'accident que ses parents le portèrent à l'hôpital. Le lendemain, il était guéri. Les deux autres enfants, un Européen et un indigène, succombèrent dans l'espace de six heures. Le médecin avait été appelé trop tard.

Un dernier mot sur les préjugés qui ont cours dans le vulgaire relativement au scorpion. On croit que cet arachnide, lorsqu'il se voit traqué par des ennemis contre lesquels il ne peut lutter, se donne la mort en se piquant lui-même de son aiguillon. Il est vrai que le venin du scorpion est mortel pour les animaux de sa propre espèce, ainsi que pour les insectes qu'il frappe de son dard empoisonné pour en faire sa pâture. Mais l'acte de désespoir héroïque dont on lui fait honneur est de pure invention. Quelques personnes croient aussi que, pour se préserver des suites de la piqûre du scorpion, il faut écraser l'animal sur la plaie qu'il a faite. C'est encore là une grave erreur, en vertu de laquelle on prescrivait autrefois contre la piqûre de cet arachnide une *huile de scorpion*. Depuis, disent MM. Paul Gervais et Van Beneden dans leur *Zoologie médicale*, on a supposé que cette huile agissait par l'ammoniaque que devait produire la décomposition des scorpions eux-mêmes ; l'huile seule est d'ailleurs un bon remède topique contre les effets du venin des scorpions.

LIVRE V

LES SERPENTS VENIMEUX

I

Les serpents venimeux étaient autrefois très communs
dans toute l'Europe tempérée; ils le sont devenus beaucoup moins dans les pays civilisés, où l'homme détruit
peu à peu leurs repaires et leur fait une guerre très
active. On ne les rencontre plus guère en France, par
exemple, que dans les forêts et dans les lieux sauvages;
ils sont plus vivaces, plus dangereux et, toutes choses
égales d'ailleurs, plus nombreux dans les pays méridio-
naux que dans ceux du Centre et du Nord [1]. Tous ces serpents sont désignés communément sous le nom générique
de *vipères,* que les naturalistes ont conservé. Ce nom est
une contraction de *vivipara,* qui indique la particularité
caractéristique du mode de reproduction des reptiles

[1] D'après l'auteur de l'article *Vipère* du Dictionnaire encyclopédique de
M. Dupiney de Vorepierre, les vipères sont encore nombreuses dans les départements de la Côte-d'Or, de Loir-et-Cher, de Seine-et-Marne et de la Haute-
Marne. Dans ce dernier département seul, on aurait détruit en six années
(de 1856 à 1861) cinquante-sept mille vipères.

dont nous parlons. En effet, les vipères sont vivipares, ou plutôt ovovivipares. Les œufs éclosent dans le corps même de la mère. C'est vers la fin de la gestation que les petits rompent la paroi membraneuse de l'œuf dans lequel ils étaient contenus, et dont les débris restent encore adhérents à leur ventre quelque temps après qu'ils ont été expulsés. Chez la vipère commune (*vipera aspis*), la durée de la gestation est de près de huit mois. Les portées sont de douze à vingt-cinq petits, que la mère abandonne aussitôt nés, et laisse se tirer d'affaire à leur guise; ce qui n'est pour eux, au surplus, qu'un médiocre embarras, car ils sont très alertes et capables de résister à d'assez rudes privations. Ces reptiles ont, comme on dit, la vie dure et, qui plus est, très longue. La nature s'est donc montrée bienveillante à leur égard, et les a organisés de telle façon, qu'ils peuvent multiplier, croître et prospérer, au grand préjudice et péril des petits animaux dont ils se nourrissent, ainsi que des animaux plus grands et de l'homme, qui ne les attaquent ni ne les dérangent impunément. Pendant l'été, les vipères trouvent, dans les lieux qu'elles fréquentent, autant et plus de nourriture qu'il ne leur en faut. Pendant l'hiver, elles n'ont besoin de rien; car le froid les engourdit et les plonge en un état de léthargie, ou de mort apparente, qui ne cesse qu'au retour du printemps.

La vipère commune varie, en longueur, de 35 à 60 centimètres; sa circonférence *maxima* est d'environ 8 centimètres. La queue est courte. Le corps est d'un gris cendré ou noirâtre, avec une bande dorsale noire, tantôt continue et flexueuse, tantôt formée de taches distinctes, quoique très rapprochées; le ventre présente une teinte cuivrée ou gris d'acier, avec des taches. La tête est aplatie, obtuse en avant, très élargie en arrière, entièrement couverte de petites écailles, et non de petites plaques, comme chez la couleuvre, et l'on y remarque

deux bandes noires qui se réunissent de manière à figurer
exactement, chose assez bizarre, la lettre V ; en sorte
qu'on peut dire que ce malfaisant reptile porte sur la tête
la lettre initiale de son nom, comme pour avertir les
gens de ne pas le confondre avec l'innocente couleuvre.

1. Vipère commune. — 2. Son appareil de venin.

Tout le corps est revêtu d'écailles semblables à celles de
la tête ; mais les écailles du dessous de la queue (*urostéges*) sont distribuées sur deux rangs.

La petite vipère, ou péliade (*pelias berus*), ne diffère
sensiblement de la précédente que par ses dimensions, qui
sont moindres, et par la forme de sa tête, qui est un peu
convexe et garnie, en avant, de petits écussons, dont un,
celui du milieu, est polygonal, et deux, placés en arrière,
sont de forme à peu près ovale. Le cou est presque
aussi gros que le corps, qui est lui-même très allongé.

14

La péliade n'est commune que dans l'Europe méridionale.
On la rencontre rarement aux environs de Paris.

L'appareil venimeux des vipères d'Europe présente
tous les caractères de ceux des serpents solénoglyphes, à
savoir : glandes spéciales sous-orbitaires avec réservoir,
communiquant par un canal excréteur avec les crochets
tubulés mobiles placés en avant, de chaque côté de la
mâchoire supérieure. Elles ont, ainsi que les autres serpents protéroglyphes et solénoglyphes, des crochets de
rechange qui demeurent à l'état embryonnaire, tout prêts
à pousser et à grandir pour remplacer les crochets en
exercice, au cas où ceux-ci viendraient à se briser; ce
qui arrive, en effet, assez fréquemment. Une seule vipère
n'a jamais plus de 10 centigrammes de venin, et l'on a
constaté qu'elle ne laisse pas tout échapper à chaque
piqûre.

Le venin de la vipère est un liquide jaunâtre lorsqu'il
est frais, légèrement visqueux; il prend, en se desséchant,
la consistance de la poix. Son odeur ressemble à
celle de la graisse de vipère; mais elle est moins nauséa-
bonde. Sa saveur peut être également comparée à celle de
la même substance; elle n'est ni âcre ni caustique. Sa
densité est plus grande que celle de l'eau; mélangé avec
ce liquide, il le rend trouble et laiteux. Il n'a de réaction ni acide ni alcaline, et présente, en somme, toutes
les apparences d'un corps le plus anodin du monde.
Lucien Bonaparte, qui l'a analysé, l'a trouvé essentiellement composé d'une matière grasse, d'une matière colo-
rante jaune, d'albumine, d'une substance soluble dans
l'alcool, de divers sels consistant principalement en chlo-
rures et en sulfures, et enfin d'un alcaloïde [1] spécial qui
en est le principe actif, et que ce savant a nommé *vipérine*
ou *échidnine*. L'échidnine s'obtient, d'après MM. Paul

---

[1] Voir, relativement aux alcaloïdes, notre livre des *Poisons*, p. 203.

Gervais et Van Beneden, en coagulant le venin par l'alcool, et en filtrant le *coagulum* ainsi obtenu, qu'on lave successivement avec de l'alcool et avec de l'eau. Ce dernier liquide dissout d'abord les sels, puis la vipérine elle-même, et ne laisse sur le filtre que l'albumine, rendue

Vipère péliade.

insoluble par l'action de l'alcool. La vipérine est une substance azotée neutre, soluble dans l'eau froide, qui la redissout même après qu'elle a été précipitée par l'alcool. Comme le venin même de la vipère, elle empoisonne en paraissant agir spécialement sur le sang, qu'elle noircit et dont elle empêche la fibrine de se coaguler.

J'ai indiqué ailleurs [1] les caractères qui distinguent les venins des poisons proprement dits et des virus; mais il n'est pas inutile de revenir ici, plus explicitement, sur

[1] *Les Poisons,* p. 76 et 88.

cette distinction importante. Les venins sont les produits
d'une sécrétion normale; en quoi ils diffèrent essentiellement des virus, qui sont des produits morbides. Les virus
déterminent, chez les sujets qui les ont absorbés, des
maladies semblables à celles qui les ont engendrés; ils
peuvent ainsi se reproduire et se propager tantôt indéfiniment, tantôt dans des limites plus ou moins restreintes.
Les venins, au contraire, déterminent, par leur absorption dans l'organisme, un empoisonnement *sui generis,*
non accompagné d'un nouveau travail histogénique[1], non
susceptible, par conséquent, de régénérer le principe
toxique et de le transmettre d'un individu à un autre. Ils
ne se distinguent pas moins des ferments, auxquels on a
essayé de les assimiler; car ils ne communiquent point
aux tissus ou aux liquides altérés leurs propriétés spéciales. Néanmoins les venins ont pu être rangés par les
toxicologistes, avec les virus, les ferments et les matières
organiques putréfiées, dans la classe des poisons septiques
ou infectieux. Enfin entre les poisons proprement dits et
les venins il y a cette différence, que les premiers empoi-
sonnent également, soit qu'ils aient été introduits directement dans l'organisme par inoculation sous-cutanée ou
injection dans un vaisseau sanguin, soit qu'ils aient été
absorbés par les voies digestives; tandis que les propriétés
toxiques des venins ne se manifestent que dans le premier cas. Ainsi le venin le plus délétère, celui qui, in-
stillé dans une piqûre presque imperceptible, donnerait
promptement la mort, peut être avalé impunément, même
en quantité très notable. Sous ce rapport, les venins se
rapprochent des ferments et de certains virus; mais ils
s'en éloignent encore par une particularité bien remarquable : tandis que la quantité de virus absorbée semble
être indifférente, et que le moindre atome d'un principe

---

[1] Travail de formation d'un tissu (ἱστός, tissu, et γεννάω, j'engendre).

de ce genre occasionne, grâce à sa faculté de reproduction, les mêmes symptômes, les mêmes troubles patholo-
giques que déterminerait une quantité très appréciable,
les venins, comme les poisons proprement dits, agissent
en raison directe de leurs doses. L'intensité et la rapidité
de leurs effets sont modifiées aussi par la constitution et
l'organisation du sujet, et par la proportion qui existe
entre la taille et la vigueur de celui-ci, d'une part, et la
quantité de venin inoculée, d'autre part. Ainsi les animaux à sang froid, notamment les reptiles, sont, en général, moins sensibles à l'action des venins que les animaux à sang chaud : sauf peut-être quelques exceptions,
s'il est vrai que certains mammifères, tels, par exemple,
que le hérisson, soient tout à fait réfractaires à ce genre
d'empoisonnement.

Un autre caractère qui rapproche les venins de la plupart des autres poisons organiques, c'est la propriété
qu'ils ont de se conserver sans altération pendant un temps
très long. D'où l'on voit que le proverbe : « Morte la bête,
mort le venin, » est de ceux où la sagesse, — c'est plutôt
la science des nations qu'il faudrait dire, — se trouve complètement en défaut. Un crochet de vipère ou de crotale,
arraché après la mort du reptile, peut faire une piqûre
dangereuse; pourvu, bien entendu, qu'il soit resté im-
prégné d'une certaine quantité de venin; et de nombreuses
expériences, notamment celles de Fontana et de Mangili,
ont démontré que du venin extrait des glandes des serpents, et conservé avec quelques précautions, manifeste
encore ses propriétés toxiques avec toute leur puissance
au bout de plusieurs mois.

Ces notions générales étant énoncées une fois pour
toutes, revenons au venin de la vipère. « Quoique moins
redoutables que la plupart des autres espèces, disent
MM. Paul Gervais et Van Beneden, nos vipères d'Europe sont souvent la cause d'accidents fort graves; la mort

en est parfois la conséquence. » Voici, d'après le professeur Ach. Richard, quels sont les symptômes de l'intoxication par la morsure de ces ophidiens. Quelquefois cette morsure ne cause, au moment où elle vient d'être faite, qu'une douleur à peine sensible; souvent, au contraire, la douleur est très aiguë. La plaie ne se découvre pas d'abord facilement; mais elle se révèle bientôt par la rougeur et le gonflement qui l'environnent. En même temps la douleur devient cuisante; les parties voisines enflent en prenant une teinte livide, mélangée de jaune et de rouge. Le blessé éprouve un malaise croissant, une céphalalgie intolérable, des nausées suivies de vomissements bilieux; ses yeux se gonflent, rougissent et laissent échapper des larmes abondantes. Cependant l'enflure, primitivement circonscrite aux parties voisines de la plaie, gagne de proche en proche du côté du cœur. Si c'est la main ou le pied qui a été mordu, elle envahit promptement en entier le bras ou la jambe. Alors le mal atteint sa plus grande intensité; des syncopes surviennent, le corps est inondé d'une sueur froide et visqueuse; les muscles se relâchent, l'haleine est fétide; le malade présente tous les symptômes de l'état adynamique, et ne tarde pas à succomber si une forte réaction ne vient arrêter les progrès du mal. Cette réaction peut arriver spontanément; elle peut aussi être provoquée, ou du moins favorisée, par une médication convenable. Dans ce cas, les symptômes se dissipent peu à peu, l'enflure disparaît, le malade se rétablit lentement, et reste d'ordinaire pendant assez longtemps en proie à une très grande faiblesse, qui persiste surtout dans le membre blessé.

Orfila, dans sa *Toxicologie,* cite cinq exemples d'individus d'âges et de sexes différents, qui furent mordus par des vipères d'Europe; ces cinq cas furent suivis de guérison.

Les moyens propres à combattre les effets de la morsure des vipères sont simples, d'une pratique facile et d'une efficacité à peu près assurée, pourvu toutefois qu'ils soient employés sans retard; et l'on peut dire qu'ils sont également applicables aux morsures de tous les serpents venimeux. Le venin n'exerçant son action sur l'économie que lorsqu'il a été absorbé directement par voie d'inoculation, la première chose à faire est de sucer ou de faire sucer énergiquement la plaie; ce qui ne présente aucun danger, hormis dans le cas d'ulcérations ou d'écorchures à la bouche. Il convient aussi, lorsque la chose est possible, de pratiquer une ligature au-dessus de la partie mordue, ce qui empêche, ou retarde tout au moins l'absorption du venin. Une ventouse appliquée sur la plaie, préalablement agrandie avec un instrument tranchant, est sans doute préférable à la succion avec la bouche; mais lorsqu'on se trouve dans les endroits fréquentés par les vipères, on n'a pas ordinairement une trousse de chirurgien dans sa poche. Ce qu'il est toujours facile et prudent d'emporter avec soi dans les bois ou aux champs, c'est un petit flacon d'alcali volatil (solution aqueuse d'ammoniaque) ou d'acide nitrique, ou un crayon de pierre infernale (nitrate d'argent); ces substances, introduites dans la plaie, neutralisent ou détruisent le venin, et conjurent tout danger. La cautérisation peut être faite encore avec du chlorure d'antimoine ou de la potasse, ou avec le fer rouge.

Lorsque les précautions que je viens d'indiquer ont été négligées, ou qu'elles n'ont pu être prises à temps, il reste la ressource beaucoup plus précaire du traitement interne. Dans ce cas, l'art médical peut, je le répète, favoriser la guérison, s'il s'agit de la morsure d'une vipère d'Europe et si le sujet est doué d'une constitution robuste; mais trop souvent il demeure impuissant, si le sujet a été mordu par quelque vipère des contrées tropicales, ou si la vigueur de son tempérament n'est pas capable d'opposer à l'invasion du mal une résistance énergique. On emploie généralement avec chance de succès l'ammoniaque administrée à la dose de cinq ou six gouttes dans une boisson chaude. On a recours également aux toniques et aux sudorifiques. Les docteurs Brainard, Wilhmire, L. Soubeyran, etc., ont préconisé l'iode et l'iodure de potassium appliqués sur la plaie, ou même administrés à l'intérieur. MM. Gervais et Van Beneden pensent que le tanin mériterait d'être essayé. Je ne parle pas des nombreux remèdes *alexipharmaques* et *ophiothérapiques* qui figuraient dans l'ancienne pharmacopée, ni des remèdes prétendus infaillibles, presque tous préparés avec des *simples*, — pour l'usage des *simples*, — que conseillent et colportent des charlatans, des empiriques et de soi-disant sorciers. C'est là un sujet sur lequel nous aurons à revenir tout à l'heure, en nous occupant des serpents venimeux des contrées tropicales. Nous mentionnerons également, à cette occasion, un remède en apparence fort étrange, auquel ont recours les Indiens d'Amérique, et qui consiste à *enterrer* le membre blessé.

II

La vipère ammodyte. — La vipère à six cornes. — Le céraste. — Échidnes. — L'échidne heurtante. — Najas. — Le naja baladin. — Le naja haje. — La vipère élégante. — Le sackène du Bengale. — Les élaps. — Les hydrophis.

A mesure que des climats tempérés on s'avance vers la zone torride, les vipéridés deviennent plus nombreux en espèces, et quelques-unes de ces espèces atteignent des dimensions plus considérables. Les individus de chaque espèce ou variété sont aussi plus nombreux; ce qui s'explique tout naturellement, soit par la plus grande fécon-

dité des femelles, soit parce que, dans les forêts et les
déserts qu'habitent ces reptiles, rien ne s'oppose à leur
multiplication. Enfin leur venin acquiert des propriétés
toxiques d'une puissance formidable, parfois presque fou
droyante. A peine a-t-on quitté la zone fertile de l'Afrique

Vipère ammodyte.

septentrionale et pénétré dans la région saharienne,
qu'on rencontre l'horrible vipère cornue, ou céraste, aux
écailles jaunes comme le sable dans lequel elle rampe. Il
ne faut pas confondre cette espèce avec la vipère ammodyte, ou *à museau cornu,* qui se trouve en Italie, en Il-
lyrie et dans l'Allemagne du Sud, et dont le museau se
termine par une protubérance écailleuse. Le céraste a
deux protubérances placées de chaque côté de la tête, au-
dessus des yeux, et formées par la saillie des plaques
sourcilières. Il existe au Cap une espèce du même genre,
appelée vipère à six cornes, bien qu'elle n'ait, à l'extré-

mité du museau, que deux prolongements écailleux méritant le nom de cornes. Seulement, à la base de chacun se trouvent deux autres petits appendices que l'on a bien voulu considérer comme autant de cornes supplémentaires. Les cérastes sont des serpents sonéloglyphes justement redoutés. Le céraste proprement dit est répandu

Vipère à six cornes.

dans le Sahara, au Maroc et en Égypte. Sa piqûre fait mourir en quelques heures. Il était connu des anciens, et Pline, qui lui attribue quatre cornes au lieu de deux, ajoute que, « par le mouvement de ces cornes, il attire les oiseaux en cachant son corps et sa tête dans le sable. »

La tribu des échidnes est propre, comme celle des cérastes, au continent africain, dont elle habite de préférence les régions centrales et méridionales. L'Algérie en possède cependant une espèce, l'*echidna mauritanica,*

Echidne heurtante attaquée par un troupeau de chiens sauvages.

qui représente dans cette contrée nos vipères européennes.
On connaît, au Gabon, l'*echidna gabonica,* et au Cap,
l'*echidna atropos*, l'*echidna inornata* et l'*echidna arietans*.
Cette dernière est la plus à craindre, par la violence et
aussi par l'abondance de son venin. C'est l'echidne heurtante des naturalistes. Les colons du Cap l'appellent *vipère minute,* à cause de l'effroyable rapidité des effets de
sa morsure, et *serpent cracheur,* parce qu'elle sécrète du
venin en si grande quantité que ce liquide lui sort par la
bouche. Le nom de *picakholou,* que lui donnent les indigènes, a la même signification. Les nègres prennent le
venin de l'échidne pour sa salive, et croient qu'elle peut,
lorsque le vent la favorise, souffler ou cracher cette salive aux yeux de ses ennemis et de ses victimes. Living-
stone assure que l'échidne heurtante est souvent attaquée
par les troupeaux de chiens sauvages qui errent dans les
plaines de l'Afrique australe, mais qu'avant de succomber
elle ne manque pas d'immoler plusieurs de ses agresseurs.
« Le premier chien mordu, dit-il, meurt presque immédiatement; le second, cinq minutes après; le troisième,
au bout d'une heure; le quatrième, après une agonie
plus ou moins longue. » Le célèbre voyageur ajoute que
ces reptiles font périr chaque année un grand nombre
d'animaux domestiques, et qu'il tua un jour à Kolobeng
un picakholou dont les crochets distillèrent du venin pendant plusieurs heures après que la tête eut été séparée du
corps.

L'habitat des najins est beaucoup plus étendu encore
que celui des cérastes et des échidnes, puisque ce genre
a des représentants sur presque tout le continent africain, dans l'Inde, dans l'Indo-Chine et jusqu'en Australie.
Bien que les najins ne soient pas solénoglyphes, mais
seulement protéroglyphes, et que Duméril et Bibron se
soient contentés de les signaler comme des ophidiens dont
il est bon de se défier (apistophides ou fallaciformes), la

puissance de leur venin permet de les placer au rang des thanotophides les mieux caractérisés. Ils sont de moyenne ou de petite taille; leur corps est fusiforme, leur queue longue et pointue; ils ont les plaques du vertex très développées, et les urostéges en double rangée. Mais ce qui les distingue nettement et à première vue de tous les autres serpents, c'est la faculté de dilater considérablement leur cou en écartant à volonté leurs premières paires de côtes; ce qu'ils font lorsqu'ils sont très animés ou irrités, et qu'ils s'apprêtent à attaquer ou à se défendre. Le cou prend alors, en s'élargissant, une forme convexe en dessus, concave en dessous; d'où est venu sans doute aux najins leur nom vulgaire de *serpents à coiffe* (en portugais, *cobra de capello*).

Le type de la tribu qui nous occupe est le *naja baladin* ou *serpent à lunettes* (*chinta nagoo* des Indiens, *coluber naja* de Linné, *naja vulgaris* de Duméril). Sa couleur est variable; mais il est ordinairement d'un jaune brunâtre, quelquefois avec des bandes transversales noires, et toujours avec une tache biannulaire, placée en arrière de la tête et figurant assez exactement une paire de lunettes. Son cou est extrêmement dilatable; aussi est-ce spécialement à cette espèce que les Portugais ont donné le nom de *cobra de capello*. Quant au nom de serpent baladin, il vient de ce que les jongleurs indiens, qui disent posséder le secret d'apprivoiser, de charmer le naja et de se rendre insensibles à l'action de son venin, ou même invulnérables à ses crochets, exécutent avec ce reptile divers tours de leur métier. J'ai parlé ailleurs assez longuement de cette prétendue science, renouvelée des anciens psylles égyptiens[1]; je crois inutile d'y revenir.

Le naja baladin habite les parties les plus chaudes de l'Hindoustan et de l'Indo-Chine et les îles de l'océan In-

---

[1] *Voyage scientifique autour de ma chambre*, chap. IV.

dien. Sa taille est à peu près celle de nos grosses cou-
leuvres (1 mètre de longueur environ). Il a des habitudes
inquiètes; quand on l'approche, il se dresse avec un air

Naja baladin.

de curiosité et de colère, dilate son cou, allonge horizontalement la tête en dardant sa langue; et si l'on fait mine
de l'attaquer, il s'élance vivement sur son ennemi présumé, le mord, puis se retire pour s'élancer et mordre
de nouveau, et ainsi quelquefois à plusieurs reprises. Sa
morsure est extrêmement dangereuse, à moins qu'il n'ait
épuisé sa provision de venin dans des attaques précé-

dentes. « La subtilité du venin des najas est telle, disent MM. P. Gervais et Van Beneden, qu'il peut faire périr en quelques instants des animaux domestiques de diverses espèces et l'homme lui-même... Un exemple récent nous montre les terribles effets de la piqûre de ces ophidiens. Il y a quelques années, un gardien de la salle des reptiles, à la ménagerie de Londres, fut mordu par un serpent de ce genre, et au bout d'une heure et demie il avait cessé de vivre. Le phénomène le plus apparent que l'on observa dans cette occasion fut une paralysie des muscles du thorax qui servent à la respiration. »

Orfila, dans le tome II de sa *Toxicologie*, rapporte, d'après le voyageur et naturaliste anglais Patrick Russel [1], plusieurs expériences et observations relatives aux effets du venin du naja et d'autres vipéridés de l'Inde. La plupart de ces expériences ont été exécutées sur des chiens, qu'on a fait mordre par des najas, et qui presque tous ont succombé, les uns en quelques minutes, les autres en quelques heures, après avoir éprouvé de l'abattement, des douleurs atroces dont le siège n'a pu être déterminé, des convulsions, quelquefois des vomissements et des accès de fureur. Une particularité remarquable, c'est que le membre mordu (c'était généralement la cuisse) était toujours tiré en haut dès que l'influence du venin absorbé commençait à se faire sentir. Les observations se rapportent à trois individus : une femme du Malabar, un Indien et un « homme de quarante ans », dont l'auteur n'indique pas la nationalité, qui furent mordus par des najas, et qui tous trois se rétablirent au bout de quelques jours. La guérison des deux premiers peut être attribuée au traitement auquel ils furent soumis, et qui consista principalement dans l'emploi du *tanjore* (préparation arsénicale en usage dans le pays) et de l'eau de Luce (pré-

---

[1] *An Account of indian serpents collected on the coast of Coromandel.* London, 1796.

Indien charmeur de serpents.

paration ammoniacale). Quant au troisième, on s'était contenté d'abord de lui appliquer sur la partie mordue (la paume de la main) un cataplasme « composé de plusieurs herbes », qui n'empêcha pas la gangrène d'envahir la main et le poignet; on lui fit prendre ensuite quelques doses de quinquina; la nature fit le reste, c'est-à-dire, probablement, presque tout. Il recouvra néanmoins la santé dix jours après l'accident; mais il ne put de plusieurs mois se servir de sa main.

Le naja d'Égypte (*naja hage* ou *aspic*) a le cou moins dilatable que celui de l'Inde. Sa teinte générale est verdâtre; le ventre est plus foncé que le dos et marqué souvent de bandes transversales; il a aussi des taches brunes sur le cou, mais elles n'affectent point la forme de lunettes. Cette espèce est plus petite que la précédente; mais elle a les mêmes allures, et son venin n'est pas moins à craindre. Ce fut, dit-on, par un naja-aspic que la célèbre Cléopâtre se fit mordre pour ne pas tomber au pouvoir d'Octave. Ce reptile était, en Égypte, l'objet d'une vénération et d'une crainte superstitieuses. On croyait que sa piqûre était si fine qu'on n'en voyait aucune trace; qu'elle ne causait d'ailleurs aucune souffrance, mais seulement un sommeil léthargique avant-coureur de la mort. Sa chair passait pour une sorte de panacée propre à guérir tous les maux; enfin sa tête renfermait, disait-on, une pierre précieuse à laquelle on attribuait des vertus surnaturelles. Le naja-aspic est répandu non seulement en Égypte, mais dans presque toute l'Afrique orientale et méridionale. Aux environs du Cap, les colons l'appellent *puff adder*, et certains naturalistes qui l'ont trouvé dans ces contrées lui ont donné le nom de *vipera inflata*.

L'ancien continent possède encore bien d'autres serpents venimeux qui ont été décrits par les auteurs sous différents noms, et qu'il nous serait assez difficile de faire rentrer dans la classification actuelle. Patrick Russel, no-

tamment, a étudié dans l'Inde plusieurs vipéridés, probablement protéroglyphes, avec lesquels il a fait sur des
animaux domestiques (chiens, poulets, lapins, etc.) des
expériences nombreuses, très cruelles et, comme toutes
les expériences de ce genre, médiocrement instructives;
car elles n'avaient, en général, pour objet que l'examen
des symptômes extérieurs de l'empoisonnement. Quelques-unes seulement ont été tentées dans un but plus
utile : celui de vérifier l'efficacité des divers remèdes employés ou proposés pour prévenir les suites funestes de
la morsure; mais ici encore, les résultats obtenus ne sont
et ne pouvaient être qu'incertains, l'action des venins et
celle des médicaments variant selon les circonstances. Ces
remèdes agissent sur l'homme autrement que sur les animaux, et ceux-ci sont eux-mêmes influencés de diverses
façons selon leur espèce. Ajoutons que la plupart des phénomènes provoqués par la méthode expérimentale ne se
produisent jamais ou presque jamais naturellement, et
n'offrent, en conséquence, qu'un intérêt purement théo-
rique.

Parmi les serpents venimeux autres que le naja, dont
s'est occupé le naturaliste anglais, je citerai la *vipère élégante (coluber rupellianus)*, que les Hindous appellent
katuka rekula poda. Les expériences de Russel ont fait
connaître, en ce qui concerne cette espèce, des particularités vraiment curieuses. Presque tous les chiens, même
ceux de grande taille, que l'on a fait mordre par le *katuka rekula*, ont succombé en peu de temps, après avoir
manifesté des symptômes analogues à ceux qui suivent la
morsure du naja. Un cheval, mordu aux naseaux, a été
gravement malade pendant vingt-quatre heures; des poulets et des lapins ont péri rapidement. Mais lorsqu'on a
introduit le venin du *katuka rekula*, même en assez grande
quantité, dans des incisions pratiquées sur des chiens, ou
dans des blessures faites avec un instrument imitant par

sa forme la dent du reptile, ces animaux n'ont éprouvé
que des indispositions passagères; tandis que des poulets
et des pigeons soumis à cette sorte d'inoculation artificielle ont presque tous péri.

Notre auteur ne dit rien de l'action que produit sur
l'homme le venin du *katuka rekula*, probablement parce
qu'il n'a pas eu occasion de l'observer. En revanche il cite
trois exemples des effets foudroyants de la morsure d'une
autre vipère indienne, le sackène du Bengale, appelé par
les gens du pays *bungarum pamak*. Le premier est celui
d'un homme de cinquante ans, qui fut mordu par un de
ces animaux au petit orteil du pied droit. La piqûre ne
fut pas d'abord plus douloureuse que n'eût été celle d'une
grosse fourmi. L'homme alla se coucher. Dix-huit heures
après, il était presque raide, en proie à une stupeur profonde, privé de la faculté de voir; il se sentait perdu, bien
qu'il ne souffrît guère, et, en effet, deux heures plus tard
il expirait.

Le second exemple est fourni par un soldat qui, mordu
à peu près en même temps que l'individu dont nous venons de parler (on ne dit pas si ce fut par le même sackène), n'éprouva aussi, sur le moment, qu'une douleur
insignifiante, fut se mettre au lit et s'endormit. Réveillé
au bout de dix-huit heures, il n'y voyait plus : il essaya
en vain de se lever et de marcher, se plaignit seulement
de ce qu'on l'empêchait de dormir, se recoucha et mourut
sans convulsions, une demi-heure après. Les cadavres de
ces deux individus commencèrent à se putréfier quatre
heures après la mort. Enfin un jeune domestique piqué
par un sackène se plaignit vivement; presque aussitôt il
se trouva dans l'impossibilité de rendre compte de ce qui
venait de lui arriver, et il mourut en dix minutes.

Il paraît assez plausible de rapporter la vipère sackène
et la plupart des autres serpents venimeux mentionnés
par Russel au genre *elaps* de Schneider et de Duméril et

Bibron. Ce genre comprend de nombreuses espèces qui habitent les climats les plus chauds de l'Asie, de l'Afrique, de l'Australie et des deux Amériques. Les elaps ont la tête petite, arrondie, convexe, de même grosseur en arrière que le cou, qui n'est pas dilatable, la bouche petite et peu fendue, la mâchoire supérieure courte, armée seulement en avant de petits crochets venimeux cannelés. Ce sont de très petits serpents, remarquables en général par la vivacité et la belle disposition de leurs couleurs. Leur corps est marqué de larges anneaux noirs qui alternent avec des anneaux blancs, ou rouges, ou roses, ou violets. « Ces belles couleurs et le poli brillant qui les accompagne, disent MM. Duméril et Bibron, ont intéressé la curiosité des indigènes et celle des voyageurs qui se rendent dans les contrées qu'habitent les elaps. La plupart racontent que les dames du pays s'en font un objet d'amusement, de curiosité et même une parure de coquetterie ; on dit qu'elles s'en servent comme d'un ornement pour en faire des bracelets naturels et des sortes de colliers vivants et agiles, qui leur deviennent peut-être agréables à cause de la fraîcheur qu'ils leur procurent en se mettant en équilibre de température avec la peau... Les femmes, en jouant ainsi avec les elaps, ignorent le danger auquel elles s'exposent, mais que rendent moins redoutable, d'une part le naturel peu irascible de ces petits ophidiens, qui ne cherchent pas à mordre, et d'autre part la petitesse de leur bouche, d'où résulte pour eux la difficulté d'attaquer avec leurs dents. « Le type de cette tribu, l'elaps corallin (*coluber corallinus*), qui habite le Brésil, où il est connu sous le nom de *serpent-corail*, est très recherché par les belles créoles.

Les erpétologistes ont appliqué les dénominations de *platyures* (à queue large) et d'*hydrophis* (serpents d'eau) à un troisième groupe d'ophidiens protéroglyphes très venimeux, mais qui, heureusement, ne sont guère redoutables

que pour les poissons ; car ils se tiennent constamment
dans l'eau, où ils nagent avec une grande agilité. Ce sont
de véritables serpents d'eau, et l'on peut dire des serpents
de mer ; car non seulement ils préfèrent l'eau salée à l'eau

Hydrophis à anneaux noirs.

douce, mais on les rencontre souvent à une assez grande
distance des côtes. Les mers de l'Inde, de l'Océanie et de
l'Australie en nourrissent plusieurs espèces. Ils sont, en
général, d'assez grande taille. Leur crâne est un peu plus
allongé que celui des najas. La conformation de leur queue
large et plate est en rapport avec leurs habitudes aqua-

tiques, et leur permet de se servir de cet organe à la fois comme d'une rame et d'un gouvernail. « Les expériences de M. Russel et de M. Cantor, disent les auteurs de la *Zoologie médicale*, confirment ce que les navigateurs rapportent au sujet du venin de ces ophidiens, et elles nous montrent qu'il n'est pas moins redoutable que celui des espèces terrestres de la famille des vipéridés. Il agit aussi bien sur les poissons que sur les animaux aériens. » Il paraît cependant que ce venin perd promptement son activité lorsque l'animal a été retiré de la mer. Les hydrophis eux-mêmes ne peuvent vivre plus de deux ou trois jours hors de leur élément favori, bien que leur respiration soit aérienne comme celle de tous les ophidiens.

III

Tropidolaimes. — Atropos. — Lachésis. — Crotales.
— Le crotale horrible. —
Bothrops et trigonocéphales. — La vipère jaune de la Martinique.
Action du venin de la vipère jaune.

Le nouveau monde a le triste privilège de nourrir les serpents venimeux les plus robustes et les plus terribles : tropidolaimes, atropos, lachésis, crotales, bothrops, trigonocéphales, bien dignes de leur nom sinistre de « serpents mortels ». Les trois premiers genres et le cinquième ont des représentants dans l'Inde, à Sumatra et à Bornéo, aux Philippines ; le sixième en a jusque dans l'Asie centrale, jusqu'aux confins même de l'Europe ; mais leurs espèces les plus grandes et les mieux armées appartiennent à l'Amérique et aux Antilles. Quant aux crotales, ils habitent exclusivement le continent américain, où leurs espèces se trouvent réparties sur une immense étendue, depuis les bassins du Missouri, de l'Orégon et de l'Ohio, jusqu'à la Guyane et au Brésil.

Les tropidolaimes (de τρόπις, carène, et λαιμὸς, gorge, gosier) ont les écailles du vertex imbriquées et serrées. Ils se rapprochent des trigonocéphales et des bothrops. On connaît à Sumatra le tropidolaime de Wagler, et aux Philippines le tropidolaime de Hombron. Les atropos (du nom d'une des Parques) ont aussi de l'analogie avec les bothrops. On en cite quatre espèces, dont une est propre à Java, et les trois autres à l'Amérique équatoriale. Le genre lachésis (du nom d'une autre Parque) ne comprend qu'une seule espèce, très voisine des crotales, mais dépourvue de sonnette caudale ; ce qui lui avait fait imposer par Linné le nom de crotale muet (*crotalus mutus*). La queue des lachésis est conique et garnie à son extrémité de douze rangées d'écailles épineuses, et recourbées en crochets à leur sommet. Ces ophidiens se trouvent dans l'Amérique équatoriale, où ils ne sont pas moins redoutés que les crotales. Ils ont les mêmes mœurs que ceux-ci, et se nourrissent comme eux de reptiles, d'oiseaux et de petits mammifères. Ils atteignent des dimensions considérables. Le voyageur Spix en a vu qui mesuraient jusqu'à 3 mètres de longueur sur 35 centimètres de circonférence *maxima*.

Les crotales (de κρόταλον, sonnette ou grelot) sont connus de tout le monde sous le nom de serpents à sonnettes, nom qui leur a été donné à cause de l'appareil singulier dont leur queue est garnie. Cet appareil, à vrai dire, ne ressemble à une sonnette ni par sa forme, ni par le son qu'il produit. Il est formé de lamelles cornées très rapprochées les unes des autres, et entourant la queue sur une longueur de dix à quinze centimètres environ. L'animal, lorsqu'il est en proie à une passion vive, leur imprime un mouvement vibratoire très rapide, d'où résulte un bruit strident et continu. Aussi arrive-t-il heureusement qu'on est presque toujours averti de la présence du

reptile et qu'on peut l'éviter; d'autant qu'il ne mord guère
que lorsqu'on l'attaque, qu'on le heurte ou qu'on le dérange à l'improviste; qu'il craint l'homme autant qu'il en
est craint lui-même, et qu'à son approche il commence

Rencontre d'un serpent à sonnettes.

par s'éloigner et se cacher au plus vite. Lors donc qu'on
traverse les fourrés ou les hautes herbes dans lesquelles
il a coutume de se tenir, le mieux est de marcher avec
un certain fracas en battant les broussailles avec un bâton. Le bruit que fait l'homme avertit le reptile, qui à

son tour décèle sa présence par le ronflement de ses écailles, et les deux ennemis peuvent ainsi éviter de se rencontrer : c'est le plus sûr pour l'un et pour l'autre. Je parle ici, bien entendu, pour le simple voyageur, non pour le chasseur qui s'en va bravement en guerre avec l'intention très louable de trouver le serpent et de le tuer. Mais alors il faut que le chasseur soit au fait des allures et des habitudes du crotale, qu'il ait l'œil et l'oreille au guet, et surtout qu'il soit convenablement pourvu d'armes offensives et défensives. Les premières sont la hache et le fusil chargé de gros plomb; les secondes sont des bottes en cuir épais montant jusque au-dessus du genou, et des gants de peau très forte, à larges parements.

Le genre crotale compte environ une demi-douzaine d'espèces; mais trois seulement sont nettement caractérisées. Ce sont : le crotale durisse et le crotale millet, de l'Amérique du Nord, et le crotale horrible (*crotalus horridus*), de l'Amérique intertropicale, et particulièrement du Mexique, de la Guyane et du Brésil. Ce dernier est le plus connu; c'est aussi le plus dangereux. Il est extrêmement répandu dans les contrées que nous venons d'indiquer. Il atteint d'ordinaire une longueur de près de deux mètres; ses formes sont trapues et ses allures assez lentes. Il vit retiré dans les forêts ou dans les hautes herbes, fuyant la présence de l'homme et faisant la guerre aux petits animaux dont il se nourrit. Il ne mange ces animaux que lorsqu'ils sont morts : différent en cela de plusieurs autres reptiles, qui dévorent leur proie encore vivante. « C'est ainsi, disent MM. Van Beneden et Gervais, que les crotales agissent dans nos ménageries. Après avoir piqué l'animal qu'on leur a livré, soit un rat, soit un jeune lapin ou un jeune chien, ils s'éloignent aussitôt, attendent pour le saisir qu'il ne donne plus signe de vie; ce qui a bientôt lieu, car la mort survient, en général, après une ou deux minutes. » Le dessin que nous donnons

ici représente des crotales auxquels on a livré de tout
jeunes chiens. « Il n'est pas, ajoutent ces deux savants
auteurs, de venin plus actif que celui des crotales. L'homme
et les plus gros mammifères domestiques, le cheval, le

Repas de crotales.

bœuf, par exemple, sont tués en quelques heures, parfois
même dans un temps plus court encore, par les effets de
ce terrible poison. Il agit avec plus de rapidité encore
sur les petits animaux, et les oiseaux résistent à peine
quelques secondes à son action; les animaux à sang froid
y succombent aussi très rapidement, et le crotale lui-

même meurt, dit-on, lorsqu'il s'est piqué avec ses crochets. »

MM. Van Beneden et Paul Gervais citent plusieurs expériences faites avec le venin du crotale par Halm et par Burnett, et desquels il résulte que les animaux mordus par ce serpent succombent dans un temps très court. Une grenouille, entre autres, mourut en deux secondes ; un chien, en trente secondes ; un autre chien, en quatorze minutes ; un autre encore, en un quart d'heure. Le serpent lui-même, surexcité, se mordit, et ne survécut que douze minutes.

Les observations relatives à l'effet de la morsure du crotale sur l'homme sont peu nombreuses, bien que les accidents de ce genre soient loin d'être rares. Mais ces accidents ont ordinairement lieu dans des circonstances qui ne permettent ni de combattre le mal, ni d'étudier la marche des symptômes. Toutefois Orfila rapporte, d'après Ev. Home, le cas d'un nommé Thomas Soper, jeune homme d'une faible constitution, qui fut mordu au pouce et à l'index et qui, malgré les soins dont il fut l'objet, expira après quatre jours de souffrances. MM. Paul Gervais et Van Beneden rappellent aussi la mort d'un certain Drake, montreur d'animaux, qui, à Rouen, se laissa mordre par un serpent à sonnettes qu'il voulait faire sortir de l'engourdissement où le froid l'avait plongé. La plaie fut cautérisée un quart d'heure seulement après l'accident ; malgré cela, le malheureux Drake succomba au bout de neuf heures.

Le venin du crotale, comme celui des autres vipéridés, conserve ses propriétés toxiques pendant un certain temps, soit après la mort du reptile, soit après avoir été extrait de la glande. Cependant il est probable qu'il s'altère et perd son efficacité lorsqu'il est abandonné à la dessiccation. M. Paul Gervais a piqué un jeune chien avec les crochets d'une tête de crotale desséchée, sans que l'animal soumis à l'expérience éprouvât aucun malaise. Nous n'avons pas besoin, certes, de cet exemple pour reléguer au rang des *canards* l'histoire racontée par un nouvelliste et répétée aveuglément, selon la coutume, par la plupart des journaux, d'un dessinateur qui, après avoir crayonné le portrait d'un crotale empaillé faisant partie de la collection de la faculté des sciences de Paris, voulut remettre son modèle en place et le saisit par la tige métallique qui tenait les mâchoires écartées. La tige se détacha, dit notre *canard*, et la gueule du reptile se referma sur la main de l'imprudent artiste. Par bonheur on avait sous la main les réactifs nécessaires pour cautériser la blessure, ce qui fut fait par un des professeurs de la faculté. L'inventeur de ce conte a oublié de dire par quel miracle le crotale empaillé avait conservé ou retrouvé la puissance musculaire indispensable pour rapprocher ses mâchoires et pour mordre comme aurait fait un serpent tout en vie.

On réunissait naguère en un seul genre les trigonocéphales (τρίγωνος, triangulaire, et κεφαλή, tête) et les bothrops (βόθρος, fossette, et ὤψ, œil). Les premiers sont représentés : au Japon, par le *trigonocephalus Blomhalfii;* à Ceylan, par le *tr. hypnale;* à Java, par le *tr. rhodostoma;* dans le Turkestan, aux environs d'Astrakan et sur les bords de la mer Caspienne, par le *tr. halys;* enfin dans l'Amérique du Nord, par les *tr. piscivorus* et *contortor.*

Le genre bothros, plus communément appelé *fer-de-lance,* comprend huit espèces, dont deux sont propres à l'Inde, et six à l'Amérique équatoriale. Parmi les bothrops américains, le plus fameux est la vipère jaune (*bothrops lanceolatus*), qui abonde à la Martinique, à Sainte-Lucie et à Bequia (petite île située près de Saint-Vincent), et dont j'ai déjà parlé dans deux précédents ouvrages [1]. Ce bothrops est de

---

[1] *Voyage scientifique autour de ma chambre,* chap. iv ; et *le Désert et le Monde sauvage,* livre III, chap. xi.

grande taille : il atteint souvent une longueur de près de deux mètres. Sa couleur générale est ordinairement le jaune ambré, quelquefois tirant sur le brun. Il n'a de plaques suscéphaliques qu'au-dessus des yeux. Sa tête est élargie et anguleuse à la base, avec le museau terminé en forme de coin. La vipère fer-de-lance est un véritable fléau pour la Martinique, où elle pullule d'une manière effrayante, grâce à sa fécondité d'une part, et d'autre part à la terreur même qu'elle inspire. Dans les forêts, dit M. Lucien Platt, le fer-de-lance cherche les nids des oiseaux ; sur les habitations, il visite le poulailler, et, comme le renard, il y fait plus de ravages qu'il n'y prend de nourriture. Partout où il se trouve, d'ailleurs, il multiplie. Une femelle prise au jardin botanique de Saint-Pierre y fit, sous les yeux du directeur, qui me pria de les compter, cinquante-quatre petits vivants [1]. Il en meurt à peine la moitié dans le premier âge ; le reste vit pour le brigandage et le meurtre. Des fourmis presque microscopiques s'insinuent sous les écailles et dans les tissus des plus jeunes ; elles en dévorent ainsi quelques-uns tout vivants. Mais, parvenu à son entier développement, quels combats peut craindre le fer-de-lance dans cette nature semée de pièges ? Seul il est armé, de tous les animaux qui l'entourent ; seul dans la nature il est pourvu de la flèche empoisonnée du sauvage. » (*Musée des sciences,* 2ᵉ année.)

Les nègres qui travaillent dans les plantations sont particulièrement exposés à la morsure de la vipère jaune ; car elle se tient volontiers dans les champs cultivés, particulièrement dans les champs de cannes à sucre. Il est vrai que les nègres lui font, de leur côté, une guerre à outrance, qui n'est que trop justifiée, et dans laquelle ils

---

[1] M. le docteur Rufz a vu des portées de soixante-cinq petits. Un colon, M. Pécoul, dans une battue faite sur son habitation, de la contenance de quelques hectares, a tué trois cents vipères jaunes.

tirent habilement parti de la stupidité du reptile. Le point important pour eux est de voir celui-ci avant de s'en être trop approchés. « Serpent vu, disent-ils, serpent mort. » En effet, dès que le nègre a pu se mettre en garde, sa victoire est à peu près assurée. Si même il n'a point d'arme sous la main, il a tout le temps d'en aller chercher une, après avoir seulement déposé à terre ou sur une pierre, ou sur une branche d'arbre, sa veste et son chapeau. Il est certain de retrouver, au retour, la vipère *lovée,* c'est-à-dire enroulée et la tête dressée devant ce grossier simulacre d'un être humain, qu'elle ne perd point de vue. Le nègre peut alors la tourner et l'assommer par derrière; ce qui ne serait ni bien brave ni bien loyal à l'égard de tout autre adversaire, mais qu'on ne saurait trouver mauvais lorsqu'il s'agit d'un serpent venimeux. Il faut d'ailleurs que le coup soit « lancé d'une main sûre »; car si malheureusement l'homme manque le reptile, il y a gros à parier que le reptile ne le manquera pas.

L'action du venin de la vipère fer-de-lance sur les animaux et sur l'homme a été étudiée avec soin par plusieurs savants, notamment par Moreau de Joannès (*Monographie du trigonocéphale des Antilles ou grande vipère fer-de-lance de la Martinique*), et par les docteurs Rufz (*Enquête sur le serpent de la Martinique*), Blot (*Dissertation sur la morsure de la vipère fer-de-lance*) et Guyon (*Des Accidents produits dans les trois premières classes d'animaux vertébrés, et particulièrement chez l'homme, par le venin de la vipère fer-de-lance*).

« Pour avoir, dit M. Rufz, une idée de la mortalité qu'occasionne la morsure du serpent, j'ai essayé d'une statistique approximative : il en résulte que pour toute la colonie, dont la population s'élève à cent vint-cinq mille âmes, la mortalité par la piqûre du serpent, portée à cinquante personnes par an, n'est pas au-dessus de la vérité. Cette mortalité a lieu principalement parmi les travailleurs des champs, hommes adultes en plein rapport pour la société coloniale [1]. On peut, toujours approximativement, l'évaluer à un vingtième des personnes piquées. Chaque personne piquée est mise hors de travail pendant quinze jours ou trois semaines au moins, et un très grand nombre de ces dernières demeurent estropiées pour le reste de leur vie. Car la piqûre du serpent, lorsqu'elle n'entraîne pas la mort, laisse bien des infirmités : de vastes abcès, origine d'ulcères incurables, des cancers, des nécroses des os, des gangrènes, des engorgements du tissu cellulaire, principe, chez le noir, du mal appelé éléphantiasis, des céphalées opiniâtres, des amauroses, et même la perte de la parole. Nommé médecin de l'hôpital civil créé en 1850, après l'émancipation, j'ai eu, en moyenne, pendant six ans, à faire trois amputations de membres par an, par suite de la piqûre du serpent, sans compter d'autres opérations de moindre gravité. »

D'après M. Guyon, le mal se borne quelquefois à des accidents locaux : probablement lorsque le reptile a déjà épuisé son venin. La partie mordue se tuméfie et prend une teinte livide, en même temps que la température s'abaisse et que sa sensibilité s'émousse ou même s'éteint tout à fait. Souvent à ces symptômes succèdent des phénomènes qui intéressent tout l'organisme; c'est un malaise général, une sorte d'appesantissement, de lassitude profonde, puis des vertiges. Bientôt l'esprit se trouble, les idées deviennent confuses; le malade tombe dans un assoupissement comateux, accompagné d'un ralentissement marqué du pouls et de la respiration. Une teinte bleuâtre se répand alors sur toute la surface cutanée. Cette période,

---

[1] On voit que M. Rufz envisage les choses sous le point de vue utilitaire. Ce qui le touche particulièrement, c'est que les hommes mordus par la vipère sont « en plein rapport ». Il ne s'exprimerait pas autrement à propos de pêchers ou de pruniers attaqués par les vers blancs. Voilà parler en homme *pratique*, ou je n'y entends rien.

où l'aspect du malade est vraiment effrayant, peut se terminer par la mort. D'autres fois elle est suivie de paralysies qui tantôt se dissipent dans la convalescence, tantôt persistent toute la vie, ou bien d'une congestion pulmonaire avec hémoptysie. Ce dernier cas est très fréquent, selon M. Guyon; et c'est une opinion communément admise à la Martinique, que la morsure du fer-de-lance « donne une fluxion de poitrine ». M. Guyon a observé luimême trois cas de ce genre : une fois le troisième jour, et les deux autres, le cinquième. « Sur quoi je remarque, dit-il, que les *panseurs* nègres ne fixent son apparition que du huitième au neuvième jour; ce qui tient à ce que la pneumonie n'existe pour eux que lorsqu'ils voient apparaître les crachats sanguinolents. » MM. Paul Gervais et Van Beneden pensent que cette sorte de pneumonie est consécutive à l'altération profonde du sang, que le venin des vipères jaunes détermine avec une intensité plus grande encore que celui de nos vipères d'Europe. En effet, un état semblable a été observé chez des mammifères de petite taille, des lapins, par exemple, qui avaient subi la piqûre des vipères européennes. Quelques malades accusent une chaleur interne très vive et une soif ardente; mais cette soif semble devoir être attribuée bien moins à l'action du venin qu'à celle des médicaments administrés par les *panseurs,* « nègres ignorants auxquels on laisse souvent le soin de traiter les blessés, et qui le font d'une manière tout à fait empirique. »

Telle est la marche ordinaire des symptômes. Mais dans certains cas, heureusement très rares, les accidents les plus alarmants se produisent sans avoir été précédés d'aucun phénomène local. Le malade éprouve une sorte d'embarras dans la région du cœur, puis un engourdissement général, des suffocations, des défaillances, enfin des syncopes, dans l'une desquelles on le voit expirer. « Le venin gagne le cœur du blessé, disait Dutertre; les syncopes le prennent, et il tombe pour ne jamais se relever [1]. » M. Blot a même vu trois individus, un nègre, une négresse et un mulâtre, tomber presque comme foudroyés dans l'instant même où ils venaient d'être mordus par le bothrops.

IV

Remèdes contre le venin des vipères des tropiques. — La cautérisation.
— *L'enterrement.* — Spécifiques. — Le guaco. —
Les *panseurs* nègres. — Une consultation à la Martinique.
— Le *tanjore.*

En indiquant plus haut les moyens curatifs auxquels on a recours contre le venin des vipères d'Europe, j'ai cru devoir passer sous silence les remèdes empiriques, que la science a dès longtemps réduits à leur juste valeur. Le sujet n'eût présenté qu'un médiocre intérêt : d'abord parce que les accidents c isés chez nous par la morsure des vipères deviennent de plus en plus rares et n'entraînent qu'exceptionnellement des conséquences funestes ; ensuite parce que, Dieu merci, les vendeurs d'orviétan et les sorciers tendent, eux aussi, à disparaître de notre société intelligente et éclairée. La loi les condamne ; la thérapeutique sérieuse leur fait, jusque dans les campagnes les plus reculées, une concurrence irrésistible ; bref, le métier ne donne plus que de l'eau à boire et peut conduire en police correctionnelle. C'en est fait parmi nous des talismans, des amulettes et des panacées.

Il en est autrement dans les contrées tropicales, où fourmillent des serpents à piqûre mortelle ; où l'empirisme n'a pas encore été supplanté par la science ; où la

---

[1] *Histoire générale des Antilles habitées par les Français.*

foi au savoir occulte des guérisseurs s'appuie sur l'ignorance et la superstition ; où rien ne prouve enfin que, parmi
les plantes aux sucs actifs qui croissent par milliers d'espèces dans les forêts et les savanes, il n'en existe pas quelqu'une, plusieurs peut-être, douées de propriétés qui en
rendent l'emploi vraiment efficace contre la morsure des
animaux venimeux. Ici l'étude des procédés curatifs ou
préservatifs, n'eût-elle d'autre résultat que de nous faire
connaître, par une de leurs manifestations les plus caractéristiques, les mœurs de certaines races, mériterait déjà
d'éveiller notre curiosité. Mais nous en pourrons tirer
encore un enseignement d'un autre ordre. Nous recon-
naîtrons que tout n'est pas chimérique et puéril dans les
médications primitives ; que, stimulés par le besoin impérieux de conjurer un péril sans cesse renaissant, les
habitants des pays infestés ont pu arriver, par voie de
tâtonnement, à découvrir des remèdes contre le venin
des serpents, tout comme ils en ont découvert contre la
fièvre et d'autres affections endémiques. Nous verrons
d'ailleurs que la thérapeutique européenne est venue récemment à leur aide, avec ses ressources propres et ses
méthodes rationnelles. Dès lors l'empoisonnement par la
morsure des reptiles les plus redoutables est rentrée, en
quelque sorte, dans la catégorie des maladies ordinaires,
dont l'art médical et chirurgical triomphe aisément, pourvu
qu'il soit mis à même de les combattre dès leur début.
Nous devons toutefois ajouter que cette condition est essen-
tielle. Le poison une fois introduit dans la circulation, tout
devient incertain ; lors même que le malade guérit, on
n'est jamais en droit d'affirmer avec certitude que sa guérison est l'effet du traitement et qu'elle n'est pas due, soit
à la réaction spontanée de l'organisme, soit simplement
à l'insuffisance de la quantité de poison absorbée. C'est
alors que le médecin peut répéter le mot célèbre d'Ambroise Paré : « Je le pansay ; Dieu le guarit. »

Il convient, avant tout, d'insister de nouveau sur ce qui a été dit plus haut à propos du venin de la vipère, à savoir que, pour prévenir les effets de ce venin ou de tout autre, le seul moyen est d'en empêcher l'absorption. Pour cela, il faut pratiquer une ligature au-dessus de la plaie, laver celle-ci à grande eau, la sucer et y introduire une substance qui détruise chimiquement le venin (tous les caustiques puissants sont propres à obtenir ce résultat), ou qui le neutralise, comme fait, à ce qu'on croit, l'ammoniaque, ou l'*eau de Luce,* laquelle n'est autre chose qu'une composition formée d'ammoniaque, d'alcool, de savon blanc, d'huile de succin et de baume de la Mecque. Ajoutons que les propriétés neutralisantes de l'ammoniaque et de l'eau de Luce ont été sérieusement contestées. Quelques médecins considèrent aussi l'arsenic comme propre à neutraliser le venin ; mais le mieux est, je le répète, de détruire celui-ci ou de l'extraire en totalité. Or il paraît que, dans plusieurs contrées de l'Amérique, les indigènes ont recours, dans ce but, à un procédé fort étrange, mais dont le succès est à peu près certain. Ce procédé consiste à *enterrer* le membre blessé. Je trouve à ce sujet dans un journal scientifique déjà cité, le *Musée des sciences,* des renseignements très explicites, empruntés à deux voyageurs que ce journal cite sans les nommer, — c'est un tort, — mais qui ont cependant un cachet incontestable de véracité. L'un de ces voyageurs est l'auteur d'un livre publié à New-York, il y a quelques années, sous ce titre : *Trente Ans de la vie d'un chasseur.* Il s'exprime ainsi :

« Lorsqu'un Indien est mordu, il creuse immédiatement un trou dans la terre, et il y enfouit le membre mordu jusqu'à ce que l'enflure ait disparu. A mon avis, ce remède est le meilleur. Un jeune homme de ma connaissance fut un jour mordu à la jambe très gravement. Je fis creuser dans la terre un trou d'environ 20 pouces de profondeur, et j'y introduisis la jambe malade, que je recouvris de terre afin que l'air n'y pénétrât point. Mon ami se sentit soulagé d'abord; mais, quelques instants après, la douleur devint si intense, que je fus obligé d'employer toute ma force pour l'empêcher de retirer sa jambe de la terre. Au bout de trois heures de souffrances, il s'endormit; son sommeil dura deux heures, et il se réveilla tout frais et dispos. J'examinai sa jambe. Elle était très blanche, et le poison en avait été extrait comme par une succion magique. »

L'autre voyageur est un officier de marine qui a longtemps habité et parcouru le pays des Indiens Mosquitos (Amérique centrale). « Dans nos explorations de la Mosquitie, il nous arrivait souvent, dit-il, de passer la nuit sous une tente improvisée. Il arriva qu'un soir un de nos hommes, en ramassant du bois sec pour faire du feu, remua une branche sous laquelle était caché un serpent venimeux appelé *tagamata* par les Mosquitos. L'animal le mordit au bras; il le tua, et revint au camp en courant. Je fus très alarmé; son agitation était extrême, et sa figure et son corps prenaient une couleur de cendre. Malheureusement Antonio, mon domestique créole, n'était pas là, et je mis simplement une bande sur la plaie. Mon Poyas (Indien) ne perdit pas trop la tête, et alla cueillir une noix qu'il mit en poudre et qu'il appliqua mouillée sur sa blessure.

« Antonio arriva enfin. Quand il sut de quoi il s'agissait, il prit une hache, courut dans le bois et revint au bout d'une demi-heure avec un paquet de racines dont j'ai malheureusement oublié le nom. Elles avaient une forte odeur de musc. Il en fit un cataplasme dont il entoura le bras; puis, menant son camarade au bord de la rivière, il fit un trou dans le sable et y enfouit le bras du blessé jusqu'à l'épaule, en massant avec soin le sable tout autour. Il lui fit ensuite boire une infusion de ces mêmes racines;

Enterrement d'un membre piqué par un serpent.

j'y goûtai, et jamais je n'oublierai l'atroce odeur de cette infernale tisane. Le Poyas eut le courage de rester toute la nuit le bras enterré. Le lendemain matin, Antonio le dégagea; il était seulement fatigué de ces remèdes héroïques, mais complètement guéri; la morsure ne laissait sur la peau qu'une petite tache bleue, et le soir même il put recommencer son service. »

Laissons de côté la noix, les racines, le cataplasme et la tisane, qui pourraient bien ne jouer ici qu'un rôle secondaire, sinon tout à fait insignifiant, et cherchons à nous rendre compte de l'effet que peut produire, dans les cas semblables à ceux que nous venons de citer, ce singulier procédé de l'inhumation. N'y a-t-il là que duperie ou illusion? ou la terre peut-elle être considérée comme un médicament? Il me paraît très vraisemblable, quant à moi, que la terre exerce une action réelle et puissante: non pas, certes, une action médicamenteuse proprement dite, mais une action physique et mécanique; qu'en un mot elle joue le rôle d'un instrument très énergique de succion, d'absorption, et cela en vertu des lois bien connues de la capillarité. Si cette conjecture est fondée, comme j'ai tout lieu de le croire, on serait autorisé à en conclure qu'un volumineux cataplasme de terre ou de sable humide, appliqué sur la plaie, maintenu et au besoin renouvelé pendant quelques heures, produirait, avec moins de douleur et d'incommodité pour le patient, des résultats identiques à ceux de l'enterrement partiel pratiqué par les Indiens.

Venons maintenant aux remèdes spécifiques, tant pour l'usage interne que pour l'usage externe. Par tout pays, en Amérique, en Afrique, en Asie aussi bien qu'en Europe, ces remèdes sont presque invariablement des herbes, des racines, des feuilles, triturées ou cuites, et dont on administre au malade le jus extrait par expression, infusion ou décoction. Il est à remarquer qu'on a généralement toutes les peines du monde à savoir quelles sont ces plantes. Les empiriques, sorciers ou *guérisseurs* qui les emploient ont soin, d'ordinaire, de n'en point faire connaître la nature. Les voyageurs même qui en parlent, qui les ont vues, n'en donnent que des descriptions insuffisantes et ne les désignent — quand ils les désignent — que sous leur nom indigène; ce qui est tout comme s'ils ne les nommaient pas du tout. Quelques-uns cependant ont tenu à prendre des informations plus complètes et plus précises. C'est ainsi que Humboldt et Bonpland ont donné, dans leur ouvrage sur les *Plantes équinoxiales,* la description botanique du *guaco (mikania guaco),* dont les Indiens de la Nouvelle-Grenade se servent, paraît-il, avec un succès merveilleux, non seulement comme d'un remède curatif et prophylactique contre les effets du venin des serpents, mais comme d'un préservatif contre la morsure même de ces reptiles.

« Le *guaco,* disent les deux illustres naturalistes, croît naturellement dans les plaines de la vallée du Rio de la Magdalena, du Rio Cauca, du Choco, de Barbacoas (Nouvelle-Grenade); on le rencontre aussi dans la région tempérée, à Tuffagatuga, à 1,800 mètres d'altitude, où le thermomètre se maintient entre 17 et 22°; et, même entre les tropiques, on peut le cultiver à une altitude de 2,800 mètres, là où la température descend parfois jusqu'à 5°. »

En 1798, don Pedro Firmin de Vargas, magistrat du village de Zipaquira, fit un voyage à Mariquito, pour vérifier ce qu'il avait entendu dire des effets surprenants de cette plante. Sa relation fut imprimée dans un journal espagnol (*Semanario de agricultura y artes*); j'en emprunte les passages les plus intéressants à la *Toxicologie* d'Orfila.

« Le 29 mai au soir, on fit apporter par un nègre un serpent venimeux appelé dans le pays *taya-equiz.* Le lendemain, Vargas, convaincu par l'assurance avec laquelle

le nègre racontait les effets du guaco pour empêcher les
serpents venimeux de mordre, désira se soumettre lui-
même à l'expérience. Il prit une ou deux cuillerées du suc
de cette plante; on lui pratiqua six incisions, une à chaque pied entre les doigts, une autre entre l'index et le
pouce de chaque main, enfin deux sur les parties latérales
de la poitrine; il se fit inoculer un peu de ce suc dans les
blessures, comme cela se pratique avec le vaccin. A mesure qu'il sortait du sang de ces incisions, on faisait tomber quelques gouttes du même suc et on frottait la plaie
avec la feuille de guaco. Alors il prit entre ses mains, et
à trois reprises différentes, le serpent venimeux, qui parut
un peu inquiet, mais qui ne donna aucun signe d'avoir
envie de mordre. Plusieurs personnes qui avaient été té-
moins de ce fait voulurent aussi se soumettre à l'expérience, et les résultats furent les mêmes, excepté chez
don Francisco Matiz, qui fut mordu à la main droite,
parce que le reptile se trouva irrité par les mouvements
forcés qu'on lui faisait exécuter. Les spectateurs étaient
tous dans la consternation, lorsque le nègre essuya le
sang qui s'écoulait, frotta la partie mordue avec les feuilles
du guaco et affirma qu'il n'arriverait rien de fâcheux. En
effet, Matiz déjeuna comme à l'ordinaire et put vaquer à
ses affaires.

« Les nègres sont dans l'habitude, après l'inoculation
dont on vient de parler, de continuer l'usage de cette plante
tous les mois pendant trois ou quatre jours, afin de ne
courir aucun risque en prenant les reptiles venimeux.
Vargas pense que cette pratique est inutile, et qu'il suffit
de se frotter les mains avec la feuille de ce végétal un peu
avant de saisir ces animaux; car il croit que l'odeur désagréable qu'exhale le guaco suffit pour les incommoder et
les assoupir. »

Humboldt, de son côté, dit avoir constaté que, si on lie
sur une planche un serpent venimeux et qu'on lui présente

l'extrémité d'une baguette trempée dans le suc du guaco, l'animal détourne aussitôt la tête. Ce qui fait supposer à l'illustre voyageur que l'inoculation du guaco communique à la peau une odeur particulièrement désagréable aux serpents, et ôte à ceux-ci toute tentation de mordre. Il ne croit pas, du reste, qu'il suffise, pour n'être pas mordu, de porter sur soi des feuilles de la plante, et les indigènes lui ont affirmé que l'inoculation était indispensable. Il rapporte, en outre, que lorsqu'une personne a été mordue, les Indiens appliquent sur les plaies des feuilles de guaco mâchées, et font avaler en même temps au blessé le suc extrait de la plante. Enfin le guaco ne serait pas moins salutaire pour les animaux que pour les hommes. « A Tuffagafuga, un cheval dont le pied était entièrement enflé par suite de la morsure d'un serpent, refusa d'abord de manger du guaco, qui a une saveur amère et une odeur désagréable ; bientôt, comme si l'animal eût eu la conscience qu'il allait guérir, il en mangea avec appétit ; la jambe ne tarda pas à désenfler. »

Le guaco paraît jouir, dans l'Amérique méridionale, d'une popularité assez étendue ; mais dans le nouveau comme dans l'ancien monde, chaque pays, chaque peuplade a ses remèdes prétendus spécifiques contre le venin de serpent ; je répète que ces spécifiques sont presque toujours empruntés au règne végétal, et que la connaissance en est, pour l'ordinaire, tenue secrète par les prêtres, sorciers, guérisseurs, lesquels ne manquent guère de joindre à l'emploi de leurs simples celui de talismans, de paroles magiques, d'incantations et d'autres pratiques bizarres.

Les nègres d'Afrique ont conservé à cet égard, jusque dans les colonies européennes, les coutumes et les superstitions de leur pays. Il y en a toujours quelques-uns d'entre eux qui exercent la profession de *guérisseurs*, et lorsqu'un des leurs est mordu par un serpent, c'est presque toujours l'empirique noir, plutôt que le médecin européen, dont il réclame les secours.

M. L. Platt, qui a séjourné plusieurs mois à la Martinique comme sous-directeur du jardin botanique de Saint-Pierre, a dépeint d'une façon très originale et très spirituelle, dans le *Musée des sciences*, le type grotesque du guérisseur nègre.

« Ce personnage, dit-il, est le plus curieux à étudier dans les mœurs de la population noire. Aux Antilles françaises, il s'appelle un *panseur*, et, sous ce titre modeste, il guérit toute espèce de maux. Les nègres ont en lui une confiance absolue. Il est même honteux de dire que les blancs, entourés de médecins capables, sérieusement instruits, envoient souvent chercher, pour lui confier leur guérison, une brute dont ils ne voudraient pas pour balayer leur antichambre. Morsure de serpent, fièvre jaune, maladie de la peau, le panseur guérit tout, par des remèdes infaillibles de lui seul connus, et que les sorciers ou les sorcières d'une île voisine lui ont appris à connaître.

« J'eus le bonheur, il y a quatre ans, d'assister à la clinique d'un de ces docteurs marrons. Un homme venait d'être mordu par un serpent trigonocéphale dans le champ de cannes où il travaillait. Une douzaine de nègres (il n'en fallait que deux) en avaient profité pour se donner une heure de repos, et l'accompagnaient à la maison du maître, en vociférant tous ensemble : « Moi voir serpent qu'a piqué li, serpent qu'a mangé deux bras ! » L'un d'eux, plus brave que les autres, avait cassé les reins au reptile, et le portait triomphalement en tête du groupe, au bout d'un bâton sur lequel il pendait tout brisé. Au bruit qu'ils menaient, tout le monde sortit de la maison. Le maître de l'habitation jeta un coup d'œil sur la main du malheureux qui avait été mordu, et sur lequel on ne voyait encore aucun symptôme de l'inflammation qui devait se développer pro-

chainement. Il le fit asseoir, et envoya aussitôt chercher dans
sa chambre la boîte à pharmacie que tout planteur conserve
soigneusement pour des accidents de ce genre. La physionomie du nègre mordu était empreinte d'une terreur
profonde : le poison allait sans doute envahir la circulation, et les premiers symptômes d'affaissement se mani-
festaient. Les cris de la cohue qui l'entourait n'étaient pas
faits d'ailleurs pour le rassurer. Toutes les femmes, tous
les enfants de la maison avaient déserté la cuisine pour
voir ; tous se répétaient entre eux : « I mordu, i qu'à
mourir. I mort. » Nous eûmes beaucoup de peine à ren-
voyer tous les assistants inutiles. La boîte à pharmacie
arriva. Mon ami le planteur y prit une longue bande de
toile qu'il se disposait à serrer autour du poignet du malade, quand celui-ci se leva aussitôt en beuglant : « Moi
pas vouloir ! moi envoyer querir Pierrot ! »

« Pierrot, qu'on nommait aussi Jupiter, était un panseur de pur sang africain, qui, après avoir été esclave
d'un médecin, avait trouvé commode et avantageux, au
moment de l'émancipation, de s'émanciper docteur. Depuis ce temps il avait fait des miracles. Aucune prière,
aucun ordre impérieux, aucune menace de sa mort prochaine ne put déterminer le blessé à se laisser donner par
d'autres que Pierrot les premiers soins que réclamait son
état. Heureusement, pour la satisfaction du malade, Pierrot
était occupé tout près de là, comme Sganarelle, à ramasser
du bois ; et quand il sut chez qui on le demandait, il ne
refusa pas de venir.

« C'était un grand diable de nègre, pourvu de deux
longues jambes qu'il ne pouvait tenir droites et qui étaient
toujours, même quand il restait debout, dans un état de
demi-flexion. Il n'en fit pas moins son entrée assez majes-
tueusement, en roulant de tous côtés les gros yeux de sa
grosse tête. Après les salutations d'usage, qu'on fut obligé
d'interrompre, il se tint devant le malade dans une pos-

Consultation d'un guérisseur nègre à la Martinique.

ture où ses jambes décrivaient un losange, se recueillit gravement, et lui dit : « Papa ou piqué, moi croire? (Votre père a été mordu, je crois?) — Oui, répondit le malade. — Grand papa ou piqué? — Non. — Et maman et tonton ou? (Et votre mère et votre oncle?) — Non. — Ça bien, fit le guérisseur, qui, par ces questions, éclai· rait son diagnostic ; papa ou mort? — I mort. — Ça mauvais. Moi voir piqûre, malgré ça. » Le docteur marron prit alors la main du blessé, qui enflait déjà, et la considéra en marmottant des paroles inintelligibles ; puis il nous pria de nous retirer tous. Mais il avait affaire à des gens trop curieux, et sur lesquels sa sorcellerie ne devait pas produire grand effet. Le maître de l'habitation le prit sans façon par l'oreille, et lui tint ce discours en termes beaucoup plus vifs : « Monsieur le drôle, depuis que vous êtes ici vous n'avez fait que des singeries. Moi, j'aurais pu sauver cet homme si j'avais cautérisé sa blessure il y a une heure. Je vous préviens que si vous ne faites pas quelque chose de plus pour le soulager, vous irez demain à la geôle. — Oh ! ça rien, moi guérir nègre là tout de suite; moi voir serpent d'abord. — C'est inutile, va chercher tes herbes, et dépêche-toi, » dit le maître, qui commençait à jouer convulsivement avec sa canne. Mais Pierrot avait envoyé un petit garçon chercher les médicaments à sa cabane. On les lui apporta. C'était une bouillie d'herbes dans laquelle il était impossible de reconnaître aucune trace d'organisation végétale. Si c'étaient des plantes rares, le secret était bien gardé. Si c'étaient les premières herbes venues, nul ne pouvait le deviner. C'est ce qu'on peut toujours dire des remèdes des sorciers.

« — Ou bailler-moi la ficelle (donnez-moi de la ficelle), » dit le guérisseur. On lui en donna, et voici ce qu'il en fit : il en mâcha un long bout et l'appliqua sur la blessure avec des herbes dessus, « pour sortir poison. » Puis il fit ce qu'il aurait dû faire tout d'abord : une ligature au-dessus de la partie blessée, qui déjà était livide et toute gonflée. Le malade ne respirait plus que par convulsions. On le coucha, on lui fit boire un peu de vin, et Pierrot profita de ce mouvement pour s'éclipser et aller, disait-il, quérir des plantes. Trois heures après, le malade était mort, et le guérisseur se dispensa de revenir. Mon ami écrivit à la ville pour demander qu'on arrêtât ce dangereux animal, mais il fut impossible de le saisir; il était sorcier, et les nègres le cachaient.

« Tel est le récit très fidèle d'une des cures radicales d'un médecin noir. Quelquefois les choses se passent autrement, et le malade guérit. Mais si l'on peut rechercher les traces du serpent, on trouve toujours qu'avant de mordre l'homme il avait épuisé son venin sur quelque animal. Ces sorciers ne possèdent aucun secret, et ne connaissent pas même les plantes qu'ils ramassent. L'ignorance et la sottise des nègres font tout le succès de leurs guérisons, et la seule excuse de ces stupides charlatans, c'est peut-être qu'ils sont privés du sens moral et n'ont pas la conscience de ce qu'ils font. »

Dans l'Inde, on fait grand usage, contre la morsure des serpents, d'une préparation connue sous le nom de *tanjore,* qu'on applique sur la blessure et qu'on fait prendre en même temps au malade sous forme de pilules. Bien que cette préparation soit d'invention hindoue, il est certain que les médecins anglais sont loin de la dédaigner et lui reconnaissent une efficacité réelle. On n'en connaît pas exactement la composition, mais on sait qu'elle a pour base l'acide arsénieux. On emploie aussi, du reste, soit ce même acide, soit l'arsénite de potasse, associé à l'opium, à la menthe poivrée, à l'huile d'olive, à l'essence de térébenthine, etc. En général, on recommande, pour le traitement intérieur, les médicaments toniques et diaphorétiques, et aussi les spiritueux (rhum, tafia, punch) pris à haute dose, au point même d'enivrer le malade. C'est alors ce qu'on appelle de la médecine perturbatrice. On cite plusieurs exemples de guérison chez les malades ainsi traités ; ce qui ne prouve pas absolument l'excellence de la méthode : la morsure des serpents même les plus venimeux pouvant, je le répète, par l'effet de diverses circonstances, n'être point mortelle.

FIN

TABLE DES MATIÈRES

LIVRE II

LES ACARIDES

LIVRE III

LES INSECTES

LIVRE IV

LES MYRIAPODES ET LES SCORPIONS

LIVRE V

LES SERPENTS VENIMEUX

11512. — Tours, impr. Mame.